大東地志

대동지지 5

강 원 도

초판 1쇄 인쇄 2023년 7월 17일
초판 1쇄 발행 2023년 7월 27일

지 은 이   이상태 고혜령 김용곤 이영춘 김현영 박한남 고성훈 류주희
발 행 인   한정희
발 행 처   경인문화사
편   집   김윤진 김지선 유지혜 한주연 이다빈
마 케 팅   전병관 하재일 유인순
출판번호   제406-1973-000003호
주   소   경기도 파주시 회동길 445-1 경인빌딩 B동 4층
전   화   031-955-9300   팩   스   031-955-9310
홈페이지   www.kyunginp.co.kr
이 메 일   kyungin@kyunginp.co.kr

ISBN 978-89-499-6735-6 94980
      978-89-499-6740-0 (세트)
값 20,000원

大 東 地 志
대동지지

강원도

이상태·고혜령·김용곤·이영춘
김현영·박한남·고성훈·류주희

경인문화사

제1권 강원도 17읍 · 11

1. 원주목(原州牧)   13
2. 춘천도호부(春川都護府)   22
3. 철원도호부(鐵原都護府)   29
4. 회양도호부(淮陽都護府)   34
5. 이천도호부(伊川都護府)   43
6. 영월도호부(寧越都護府)   47
7. 정선군(旌善郡)   52
8. 평창군(平昌郡)   57
9. 금성현(金城縣)   60
10. 평강현(平康縣)   64
11. 금화현(金化縣)   69
12. 낭천현(狼川縣)   73
13. 홍천현(洪川縣)   77
14. 횡성현(橫城縣)   81
15. 양구현(楊口縣)   84
16. 인제현(麟蹄縣)   88
17. 안협현(安峽縣)   92

제2권 강원도 9읍 · 95

1. 강릉대도호부(江陵大都護府)   97
2. 삼척대도호부(三陟大都護府)   107
3. 양양대도호부(襄陽大都護府)   114
4. 평해군(平海郡)   120
5. 간성군(杆城郡)   124
6. 고성군(高城郡)   129
7. 통천군(通川郡)   137
8. 울진현(蔚珍縣)   142
9. 흡곡현(歙谷縣)   148

부록 · 153

1. 강역(彊域)   155
2. 전민(田民)   157
3. 봉수(烽燧)   158
4. 총수(總數)   158
5. 사원(祠院)   159

원문 · 167

강원도

〈관동(關東)이라고 부른다.〉

강원도는 본래 예맥(濊貊) 땅이었으나 낙랑(樂浪)과 백제(百濟)가 나누어 가졌다.〈지금의 이천(伊川)·평강(平康)·안협(安峽)·철원(鐵原)은 백제 땅이었으나 백제 문주왕(文周王)이 남천(南遷)한 후에는 고구려(高句麗) 땅이 되었다〉 동한(東漢: 후한(後漢)의 딴 이름으로 25~219년까지 13대 196년간 존속/역자주) 말(末)에 이르러 신라(新羅)가 점차 그 땅을 개척하여〈지금의 강릉(江陵)·삼척(三陟)·간성(杆城)은 모두 진한(辰韓)의 소국이었으며, 춘천(春川)은 낙랑이 차지하였다〉 진(晉: 265~316 4대 52년간/역자주)나라 초에는 니하(泥河)까지 신라의 땅이 되었다.〈니하는 지금의 덕원(德源)이다. ○ 원주(原州)·횡성(橫城)·홍천(洪川)·춘천(春川)·낭천(狼川)·금화(金化)가 변계(邊界)가 된다. 소씨의 양나라(蕭梁: 중국 남북조시대 남조에 속한 나라로 502~557년까지 6대 56년간 존속/역자주) 때(백제의 이천(伊川)·평강(平康)·안협(安峽)·철원(鐵原)이 진흥왕 때 신라에 귀속되었다〉경덕왕(景德王) 16년(757)에 명주(溟州)와 삭주(朔州)의 2주에 도독부(都督府)를 설치하고〈지금의 순영(巡營)〉강원도 내 군현(郡縣)을 다스리게 하였다. 효공왕(孝恭王) 때 궁예(弓裔)에 의해 빼앗기고, 경명왕(景明王) 때 되돌려 받았다. 고려(高麗) 성종(成宗) 14년(995)에 등주(登州), 화주(和州), 교주(交州), 춘주(春州), 명주(溟州) 등의 군현(郡縣)으로 삭방도(朔方道)를 삼았다. 명종(明宗) 8년(1178)에는 연해명주도(沿海溟州道)로 명칭을 바꾸고 석주(析州)·교주(交州)·동주(東州)·춘주(春州) 등의 군현을 떼내어 춘주도(春州道)로 칭하였다가 후에 동주도(東州道)로 이름을 바꾸었다. 원종 4년(1263)에 명주도(溟州道)를 강릉도(江陵道)로 바꾸고, 동주도(東州道)를 교주도(交州道)로 바꾸었다가 충숙왕(忠肅王) 원년(1318)에는 회양도(淮陽道)로 바꾸었다. 공민왕(恭愍王) 5년(1356)에는 강릉도(江陵道)를 고쳐 강릉삭방도(江陵朔方道)로 하고 이듬해 동왕 6년(1357)에는 또다시 강릉도로 바꾸었다가 공민왕 9년(1360)에 다시 강릉삭방도로 환원하였다. 또 공민왕 15년(1366)에 다시 고쳐 강릉도로 하고 우왕(禑王) 14년(1388)에는 강릉도를 비로소 삭방도와 분리, 교주도와 합하여 교주강릉도(交州江陵道)로 하였다.〈대관령의 동쪽과 서쪽을 합하여 하나의 도(道)로 삼고 울진(蔚珍)으로부터 흡곡(歙谷)까지는 삭방도(朔方道)에 속하게 했다〉 조선(朝鮮) 태조(太祖) 4년(1395)에 강원도(江原道)로 고치고, 효종(孝宗) 때 원양도(原襄道)로 바꿨다.〈후에 다시 옛 명칭을 환원시켰다〉 숙종(肅宗) 9년(1683) 강양도(江襄道)

로 고치고〈숙종 18년(1692)에 옛 이름으로 되돌렸다〉영조(英祖) 4년(1728)에 강양도로 바꾸고〈영조 13년(1737)에 옛 명칭으로 되돌렸다〉정조(正祖) 6년(1782) 원춘도(原春道)로 바꾸었다.〈정조 15년(1791)에 옛 명칭으로 되돌렸다〉

강원도의 관할 읍치는 모두 26읍이다.〈대관령(大關嶺) 서쪽에 17읍, 대관령 동쪽에 9읍이다〉

『순영』(巡營)

태조 4년(1395) 원주에 영(營)을 설치하였다.〈또한 감영(監營: 조선시대에 각 도의 관찰사가 정무(政務)를 보던 관청. 순영(巡營)·영문(營門)이라고도 한다/역자주)이라고도 한다〉

「관원」(官員)

감영의 관원은 관찰사(觀察使: 조선시대의 지방 장관으로 각 도마다 1명씩 두었던 종2품의 외관직. 도백(道伯)·방백(方伯)·감사(監司)라고도 한다/역자주)〈병마수군절도사(兵馬水軍節度使)와 순찰사(巡察使) 및 원주목사(原州牧使)를 겸한다〉·중군(中軍)〈도토포사(都討捕使)를 겸한다〉·도사(都事: 지방 관찰사를 보좌하던 종 5품 관원/역자주)·심약(審藥: 조선시대 궁중에 바치는 약재를 심사·감독하기 위하여 각 도에 파견한 종9품의 외직(外職)/역자주)·검률(檢律: 조선시대 형률에 관한 사무를 담당하던 종9품의 관원/역자주)이 각 1명씩 있다.

원주진(原州鎭)〈영월(寧越)·정선(旌善)·평창(平昌)·인제(麟蹄)·홍천(洪川)·횡성(橫城)을 관할한다〉

철원진(鐵原鎭)〈회양(淮陽)·이천(伊川)·양구(楊口)·금성(金城)·평강(平康)·낭천(狼川)·금화(金化)를 관할한다〉【정조 때 회양진(淮陽鎭)을 이곳으로 옮겼다】

춘천진(春川鎭)〈옛날에는 원주진의 관할을 받았으나 정조(正祖)때 독립 진(鎭)이 되었다〉

강릉진(江陵鎭)〈양양(襄陽)·삼척(三陟)·평해(平海)·간성(杆城)·통천(通川)·고성(高城)·울진(蔚珍)·흡곡(歙谷)을 관할한다〉

보안도(保安道)〈춘천(春川)에 있다. 찰방(察訪: 조선시대에 각 도(道)의 역참(驛站)을 관장하던 종6품의 외관직(外官職)/역자주)은 옮겨 원주 단구역(丹邱驛)에 두었다〉

「속역」(屬驛)

〈보안도의 속역은 단구역(丹邱驛)·유원역(由原驛)·안창역(安昌驛)·신림역(神林驛)·신흥역(新興驛)·갈풍역(葛豊驛)·창봉역(蒼峰驛)·오원역(烏原驛)·안흥역(安興驛)·연봉역(連峰

驛)·천감역(泉甘驛)·원창역(原昌驛)·인남역(仁嵐驛)·안보역(安保驛)·부창역(富昌驛)·양연역(楊淵驛)·연평역(延平驛)·약수역(藥水驛)·평안역(平安驛)·벽탄역(碧灘驛)·호선역(好善驛)·여량역(餘粮驛)·임계역(臨溪驛)·고단역(高端驛)·횡계역(橫溪驛)·진부역(珍富驛)·태화역(太和驛)·방임역(芳林驛)·운교역(雲校驛)이다〉

『은계도』(銀溪道)

〈회양(淮陽)에 있다. 찰방은 옮겨 금화 생창역(金化生昌驛)에 두었다〉

「속역」(屬驛)

〈은계도의 속역은 생창역(生昌驛)·풍전역(豊田驛)·용담역(龍潭驛)·임단역(林丹驛)·옥동역(玉洞驛)·건천역(乾川驛)·직목역(直木驛)·창도역(昌道驛)·서운역(瑞雲驛)·신안역(新安驛)·산양역(山陽驛)·원천역(原川驛)·방천역(芳川驛)·함춘역(含春驛)·수인역(遂仁驛)·마노역(馬奴驛)·남교역(嵐校驛)·부림역(富林驛)이다〉

『평릉도』(平陵道)

〈삼척(三陟)에 있다. 찰방은 옮겨 교가역(交柯驛)에 두었다〉

「속역」(屬驛)

〈평릉도의 속역은 교가역(交柯驛)·사직역(史直驛)·신흥역(新興驛)·용화역(龍化驛)·옥원역(沃原驛)·흥부역(興富驛)·수산역(守山驛)·덕신역(德新驛)·달효역(達孝驛)·낙풍역(樂豊驛)·안인역(安仁驛)·대창역(大昌驛)·목계역(木溪驛)·구산역(邱山驛)·동덕역(冬德驛)이다〉

『상운도』(祥雲道)

〈양양(襄陽)에 있다. 찰방은 옮겨 연창역(連倉驛)에 두었다〉

「속역」(屬驛)

〈상운도의 속역은 연창역(連倉驛)·인구역(麟邱驛)·강선역(降仙驛)·원암역(元巖驛)·청간역(淸澗驛)·죽포역(竹苞驛)·운근역(雲根驛)·명파역(明波驛)·대강역(大康驛)·고잠역(高岑驛)·양진역(養珍驛)·조진역(朝珍驛)·등로역(藤路驛)·거풍역(巨豊驛)·정덕역(貞德驛)이다〉

모두 합쳐 81역이며, 역리(驛吏)와 역졸(驛卒)은 총 9,034명이고, 3등마(三等馬)가 487필이다.

『병마』(兵馬)

좌영(左營)·중영(中營)·우영(右營)을 두었다.

좌영〈인조 때 철원(鐵原)에 설치했으나, 영조 경진년(36년, 1760)에 춘천(春川)으로 옮겼다〉

「속읍」(屬邑)

〈춘천(春川)·이천(伊川)·철원(鐵原)·회양(淮陽)·금화(金化)·평강(平康)·안협(安峽)·금성(金城)·양구(楊口)·낭천(狼川)이다〉좌영장(左營將)이 토포사(討捕使: 조선후기 각 지방의 도적을 수색, 체포하기 위하여 특정 수령이나 진영장(鎭營將)에게 겸임시킨 특수 관직의 하나/역자주)를 겸한다.〈춘천부사(春川府使)가 겸한다〉

중영(中營)〈인조 때 원주(原州)에 설치했으나 영조 경진년(36년, 1760)에 횡성(橫城)으로 옮겼다〉

「속읍」(屬邑)

〈횡성(橫城)·영월(寧越)·원주(原州)·정선(旌善)·홍천(洪川)·인제(麟蹄)·평창(平昌)이다〉중영장(中營將)이 토포사를 겸한다.〈횡성현감(橫城縣監)이 겸한다〉

우영(右營)〈인조 때 삼척포진(三陟浦鎭)에 설치하였다〉

「속읍」(屬邑)

〈삼척(三陟)·강릉(江陵)·양양(襄陽)·평해(平海)·간성(杆城)·고성(高城)·통천(通川)·울진(蔚珍)·흡곡(歙谷)·월송(越松)이다〉우영장(右營將)이 토포사를 겸한다.〈삼척포첨사(三陟浦僉使)가 겸한다〉

『수군』(水軍)

삼척포진(三陟浦鎭)〈삼척(三陟)에 있다〉

월송포진(越松浦鎭)〈평해(平海)에 있다〉

『방영』(防營)

인조 15년(1637)에 춘천에 설치하였다가 영조 23년(1747)에 철원부(鐵原府)로 옮겼다.

「관원」(官員)

병마방어사(兵馬防禦使)를 두었다.〈철원부사(鐵原府使)가 겸한다〉

『방수』(防守)

　정조 원년(1777)에 관동(關東)의 요해처에 방수를 추가 설치하였다. 방수사(防守使)〈회양(淮陽) 수령이 겸한다〉와 방수장(防守將)〈이천(伊川)·평강(平康)·통천(通川)·고성(高城)·흡곡(歙谷) 현감이 겸한다. ○만일 비상사태가 생기면 속오군(束伍軍)·마보군(馬步軍)을 이끌고 관할지역을 방수한다. 평상시에는 철원방영(鐵原防營)에 속한다〉을 두었다.

제1권

강원도
17읍

1. 원주목(原州牧)

『연혁』(沿革)

원주는 본래 신라에서 고구려(『대동지지』 원문에는 고구려를 밝히지 않았으나 추가함/역자주)의 평원군(平原郡)을 고친 것이다. (신라) 문무왕 17년(677)에 북원소경(北原小京)을 설치하였고(북원소경 설치 시기에 대해『삼국사기(三國史記)』권6, 신라본기 6에는 문무왕 17년이 아니라 18년(678)으로 되어있다/역자주)〈대아찬(大阿飡) 오기(吳起)로 하여금 지키게 하였다. ○사신(仕臣)과 사대사(仕大舍)를 두었다〉경덕왕 16년(757)에 북원경(北原京)이라고 고쳤으며,〈삭주도독부(朔州都督府)에 예속되었다. ○대윤(大尹)과 소윤(小尹)을 두었다〉고려 태조 23년(940)에 원주(原州)로 고치고 현종 9년(1018)에 지군사(知郡事)를 두었다.〈양광도(楊廣道)에 예속되었다. ○속군(屬郡)은 2이니, 영월군(寧越郡)과 제천군(堤川郡)이다. 속현(屬縣)은 5이니 평창현(平昌縣)·단산현(旦山縣)·영춘현(永春縣)·주천현(酒泉縣)·황려현(黃驪縣)〉이다. 고종 46년(1259)에 강등하여 일신현(一新縣)으로 삼았다가〈주민이 반역하였기 때문에 강등된 것이다〉원종 원년(1260)에 다시 원주군(原州郡)으로 환원되고, 원종 10년(1269)에 정원도호부(靖原都護府)로 승격되었다.〈당시 집정(執政) 임유무의 외향(外鄕)이기 때문이다(林惟茂: ?~1270 고려 무신. 4대 60여 년간 지속된 최씨무신정권을 종식시키고 왕권을 회복시킨 임연(林衍)의 아들. 고려 원종을 옹립한 공로로 아버지를 이어 실질적인 권력을 휘둘렀지만 임시수도 강화에서 개경으로 환도하는 것을 반대하는 등 왕권에 도전하려다 제거됨/역자주)〉충렬왕 17년(1291)에 익흥도호부(益興都護府)로 개칭되고〈당시 고려에 쳐들어온 합단적(합단적은 1287년 원 조정에 반기를 들었던 내안의 난 산낭들로, 원 조정의 탄압을 피해 두만강을 넘어 쌍성, 등주, 길주, 철령, 원주, 충주, 공주, 연기 등에까지 쳐들어와 고려 백성들을 노략하니 국왕조차 다시 강화로 피신을 가야했다. 충렬왕 17년 5월 여몽연합군에 의해 토벌되어 잔당들은 원으로 도망갔다/역자주)을 공략하는데 공을 세웠기 때문이다〉충렬왕 34년(1308)에 원주목(原州牧)으로 승격되고, 충선왕 2년(1310)에는 성안부(成安府)로 강등되었다.〈지방의 여러 목(牧)을 없앴기 때문이다〉공민왕 2년(1353)에 다시 원주목으로 회복되었다.〈치악산(雉岳山)에 왕의 태를 묻었기 때문이다〉조선 세조 12년(1430)에 진관(鎭管)을 세우고, 숙종 9년(1683)에는 현으로 강등하고,〈아버지를 죽인 죄인이 있기 때문이다〉숙종 18년(1692)에 다시 승격되었다. 영조 4년(1728)에 현으로 강등되었다가〈역적이 태어난 곳이기 때문이다〉동왕

13년(1737)에 다시 승격되었다.

「읍호」(邑號)

원주의 읍호는 평량(平凉)이다.〈고려 성종 때 정한 이름이다〉

「관원」(官員)

원주의 관원은 목사(牧使)와 판관(判官)이 각각 1명씩 있다. 목사(牧使)〈중종 14년(1519)가 관찰사를 겸하게 하였다가 곧 폐하였다. 영조 36년(1760)에 다시 겸하게 하였다〉·판관(判官)〈관찰사가 목사를 겸하였다〉

『고읍』(古邑)

주천고현(酒泉古縣)〈읍치로부터 동쪽으로 80리에 있다. 본래 신라 주연술모내(酒淵述慕乃)였으나 후에 현으로 바꾸었다. 경덕왕 16년(757)에 주천으로 고쳐 내성군(奈城郡)의 영현을 삼았다가 고려 현종 9년(1018)에 원주에 예속시켰다. ○읍호는 학성(鶴城)이다.

『산수』(山水)

치악산(雉岳山)〈치악산은 적악(赤岳)이라고도 한다. 읍치로부터 동쪽으로 25리 떨어져 있으며 산이 높고 가파르며 크고 넓다. 골짜기는 깊고 그윽하며 물과 돌이 깨끗하다. ○조선 태종 원년(1401)에 왕이 몸소 고려 진사(進士) 원천석(元天錫: 1330~?)이 있는 운곡(耘谷)을 방문하였기 때문에 후대 사람들이 그 때 쉬었던 바위를 태종대(太宗臺)라 하였다. 동쪽에는 각림사(覺林寺)가 있다. 태종이 아직 왕에 오르기 전에 이곳에서 공부를 하였으며, 후에 횡성(橫城)에서 무예를 닦을 때 이 절에서 쉬었다. 산꼭대기 봉우리를 비로봉(毘盧峰)이라 한다. (치악산의) 서쪽에는 문수사(文殊寺)가 있고, 남쪽에는 구룡사(九龍寺)가 있다〉

사자산(獅子山)〈주천(酒泉) 읍치로부터 북쪽으로 30리에 있다. 남쪽으로는 도화동(桃花洞)과 두릉동(杜陵洞)이 있는데 천계(泉溪)와 어우러져 절경을 이룬다. ○법흥사(法興寺)가 있다〉

백덕산(白德山)〈서쪽으로 사자산과 이어져 하나의 산을 이루나 이름이 다르다〉

백운산(白雲山)〈읍치로부터 남쪽으로 30리에 있으며 그윽하고 깊으나 매우 험하다〉

감악산(紺岳山)〈읍치로부터 동쪽으로 60리에 있다. 위의 2산은 제천(堤川)과의 경계이다〉

식악산(食岳山)〈읍치로부터 서쪽으로 45리에 있다〉

구릉산(球陵山)〈주천 읍치로부터 남쪽으로 10리에 있다〉

서곡산(瑞谷山)〈읍치로부터 남쪽으로 20리에 있다〉

현계산(玄溪山)〈읍치로부터 서남쪽으로 60리에 있다〉

명봉산(鳴鳳山)〈읍치로부터 남쪽으로 30리에 있다. ○법천사(法泉寺)가 있다〉

구룡산(九龍山)〈읍치로부터 동쪽으로 30리에 있다. 치악산의 남쪽에 있다〉

남산(南山)〈읍치로부터 서남쪽으로 1리에 있다. 왕이 직접 쓴 비각이 남산 동쪽에 있다. 인열왕후 한씨(仁烈王后韓氏: 제16대 인조의 제1비, 한준겸(韓浚謙)의 딸/역자주)가 원주에서 태어났다하여 영조 34년(1758)에 이곳에 비석을 세웠다〉

봉산(鳳山)〈읍치로부터 동쪽으로 10리에 있다〉

건등산(建登山)〈혹은 영봉산(靈鳳山)이라고도 한다. 읍치로부터 서쪽으로 30리에 있다. ○흥법사(興法寺)에 고려 태조가 직접 지은 왕사(王師: 고려시대 덕행이 높은 승려에게 내린 최고의 직위로서 왕의 스승을 뜻함/역자주) 충담 스님(僧 忠湛: 869~940)의 비(碑: 원이름은 고진공대사비(故眞空大師碑)이다/역자주)가 있다〉

미륵산(彌勒山)〈읍치로부터 서쪽으로 50리에 있다〉

백양산(白楊山)〈읍치로부터 동쪽으로 40리에 있다〉

우두산(牛頭山)〈읍치로부터 북쪽으로 20리에 있다〉

관어대(觀魚臺)〈혹은 한강대(寒江臺)라고도 한다. 읍치로부터 북쪽으로 30리 떨어진 천변(川邊)에 있다〉

주천석(酒泉石)〈주천 남쪽 도로 가에 있다. 모양이 반쯤 깨진 술항아리[반파석조(半破石槽)] 같이 생겼으므로 호사자(好事者)들이 지은 이름이다〉

「영로」(嶺路)

거슬갑치(居瑟岬峙)〈주천(酒泉) 동북쪽 30리에 있다. 평창(平昌) 가는 길이다〉

송현(松峴)〈크고 작은 2개의 고개가 있다. 읍치로부터 서쪽으로 45리 떨어져 있다〉

서화치(西化峙)〈읍치로부터 서쪽으로 50리에 있다. 지평(砥平) 가는 길이다〉

고둔치(高屯峙)〈혹은 가리치(加里峙)라고도 한다. 읍치로부터 동남쪽 20리에 있다. 제천(堤川) 가는 길이다〉

도야니현(都也尼峴)〈읍치로부터 남쪽으로 30리에 있다. ○동화사(桐華寺)가 있다〉

유치(杻峙)〈읍치로부터 동쪽으로 60리에 있다. 제천과의 경계이다. 고개가 매우 높고 험하다〉

아차치(峨嵯峙)〈주천으로부터 동쪽으로 10리에 있다〉

송치(松峙)〈읍치로부터 동쪽으로 60리에 있다〉

옥동현(玉洞峴)〈읍치로부터 동북쪽으로 50리에 있다. 강릉(江陵) 가는 길이다〉

장현(獐峴)〈읍치로부터 북쪽으로 25리에 있다. 횡성(橫城) 가는 길이다〉

안현(鞍峴)〈읍치로부터 서쪽으로 15리에 있다〉

박현(礴峴)〈읍치로부터 서쪽으로 10리에 있다〉

마현(馬峴)〈읍치로부터 서쪽으로 20리에 있다〉

석지현(石之峴)〈읍치로부터 서쪽으로 52리에 있다〉

분지현(分之峴)〈읍치로부터 서쪽으로 60리에 있다〉

대치(大峙)〈읍치로부터 남쪽으로 30리에 위치해 있다〉

소치(小峙)〈대치(大峙)로부터 남쪽으로 5리에 있다〉

사제현(沙堤峴)〈읍치로부터 서쪽으로 50리에 있다〉

차유령(車踰嶺)·갈현(葛峴)〈모두 서쪽으로 가는 길(西路)이다〉

○섬강(蟾江)〈강의 근원은 홍천(洪川) 공작산(孔雀山)에서 시작하여 남쪽으로 흘러 횡성(橫城) 서쪽에 이르러 왼쪽으로 남천(南川)을 지나 관어대(觀魚臺)에 이르고, 오른쪽(원문에 좌(左)로 써 있는 것을 우(右)로 고침/역자주)으로 흘러 화사천(花似川)을 지나 월뢰(月瀨)가 되고, 안창역(安昌驛)을 지나 서남쪽으로 흘러 읍치로부터 서남쪽으로 50리 떨어진 곳이 섬강이다. 물이 흘러 앙암진(仰岩津)으로 들어가고 강변에 두꺼비바위[섬암(蟾岩)]가 있기 때문에 이름을 섬강이라 하였다〉

사천(沙川)〈읍치로부터 동쪽으로 105리에 있다. 자세한 설명은 평창(平昌) 산수(山水)조에 있다〉

봉천(鳳川)〈물의 근원은 백운산(白雲山)에서 시작하여 북쪽으로 흘러 원주 동쪽 1리를 지나 화사천으로 들어간다〉

화사천(花似川)〈물의 근원은 치악산 태종대(太宗臺)에서 시작하여 서북쪽으로 흘러 원주의 동쪽 10리를 지나 섬강으로 들어간다〉

가전천(加田川)〈혹은 주천강(酒泉江)이라고도 한다. 물의 근원은 횡성(橫城) 덕고산(德高山)에서 시작하여 남쪽으로 흘러 공용탄(公龍灘)으로 들어간다〉

금당천(金塘川)〈읍치로부터 서쪽으로 80리에 있다. 여주(驪州)와의 경계이다〉

평천(平川)〈읍치로부터 동쪽으로 15리에 있다. 물의 근원은 치악산에서 시작하여 서쪽으로 흘러 봉천(鳳川)에 합쳐진다〉

주천남천(酒泉南川)〈가전천(加田川) 아래에 있다. 자세한 설명은 영월(寧越) 산수(山水) 조에 있다〉

중천(中川)〈읍치로부터 동쪽으로 40리에 있다. 물의 근원은 치악산에서 시작하여 남쪽으로 흘러 제천땅(堤川地)에 이르러 고교천(高橋川)으로 흘러 들어간다〉

월뢰(月瀨: 정확한 이름은 월뢰탄(月瀨灘)/역자주)〈읍치로부터 서북쪽으로 20리에 있다〉

공룡탄(公龍灘)〈주천 남쪽의 가전천(加田川) 하류로 강을 건너는 곳[진도처(津渡處)]이다〉

안창계(安昌溪)〈안창역(安昌驛) 동쪽에 있다. 계곡과 산의 경치가 뛰어나다〉

구담(嫗潭)〈읍치로부터 동쪽으로 60리에 있다. 동쪽으로 흘러 가전천으로 들어간다〉

교룡담(蛟龍潭)〈봉천(鳳川)의 상류이다. 백운산(白雲山)의 북쪽에 있다〉

석제(石堤)〈봉천 변에 있으며, 길이가 1천 보(步: 주척(周尺)으로 6자/역자주)가 된다〉

『방면』(坊面)

본부면(本部面)〈읍치로부터 1리에 시작하여 10리에서 끝난다〉

호매곡면(好梅谷面)〈읍치로부터 북쪽으로 15리에서 시작하여 40리에서 끝난다〉

소초면(素草面)〈읍치로부터 동북쪽으로 25리에서 시작하여 80리에서 끝난다〉

고모곡면(古毛谷面)〈읍치로부터 서북쪽으로 25리에 시작하여 80리에서 끝난다〉

정지안면(正之安面)〈읍치로부터 북쪽으로 15리에서 시작하여 40리에서 끝난다〉

지향곡면(地向谷面)〈읍치로부터 서쪽으로 20리에서 시작하여 50리에서 끝난다〉

지내면(池內面)〈읍치로부터 서쪽으로 60리에서 시작하여 80리에서 끝난다〉

강천면(江川面)〈읍치로부터 서남쪽으로 50리에서 시작하여 70리에서 끝난다〉

부론면(富論面)〈읍치로부터 서남쪽으로 60리에서 시작하여 80리에서 끝난다〉

굴파면(屈坡面)〈읍치로부터 서남쪽으로 30리에서 시작하여 60리에서 끝난다〉

미내면(弥乃面)〈읍치로부터 서쪽으로 30리에서 시작하여 55리에서 끝난다〉

사제촌면(沙堤村面)〈읍치로부터 서쪽으로 15리에서 시작하여 50리에서 끝난다〉

저전동면(楮田洞面)〈읍치로부터 북쪽으로 1리에서 시작하여 15리에서 끝난다〉

금물산면(今勿山面)〈읍치로부터 남쪽으로 15리에서 시작하여 25리에서 끝난다〉

가리파면(加里坡面)〈읍치로부터 동남쪽으로 30리에서 시작하여 60리에서 끝난다〉

우변면(右邊面)〈읍치로부터 동쪽으로 70리에서 시작하여 100리에서 끝난다〉

좌변면(左邊面)〈읍치로부터 동쪽으로 100리에서 시작하여 140리에서 끝난다〉

사근사면(沙根寺面)〈읍치로부터 동쪽으로 1리에서 시작하여 30리에서 끝난다〉

원의곡면(遠矢谷面)〈읍치로부터 동쪽으로 60리에서 시작하여 100리에서 끝난다〉

판제면(板梯面)〈읍치로부터 남쪽으로 1리에서 시작하여 25리에서 끝난다〉

【수주면(水周面)〈읍치로부터 동쪽으로 30리에서 시작하여 100리에서 끝난다〉】

【도곡부곡(刀谷部曲)〈읍치로부터 동쪽으로 60리에 있었다〉】

【도내부곡(刀乃部曲)〈읍치로부터 동쪽으로 80리에 있었다〉】

【소탄소(所呑所)〈읍치로부터 동쪽으로 130리에 있었다〉】

【금천곡소(金千谷所)〈주천(酒泉)으로부터 남쪽으로 15리에 있었다〉】

【사촌소(射村所)〈읍치로부터 동쪽으로 45리에 있었다〉】

『성지』(城池)

영원산성(鴿原山城)〈치악산(雉岳山) 남쪽에 있다. 신라 신문왕(神文王)이 축성하였다가 고려 때 개축하였다. 조선시대에 다시 개축하였는데, 둘레가 1,031보, 우물(井泉)이 4개이고 사면이 모두 비탈지고 험준하다〉

금대성(金臺城)〈읍치로부터 동쪽으로 30리에 있다. 치악산의 중앙부이다. 둘레가 6,060척이며, 우물(井)이 3개이다. 고려 고종 46년(1259) 원주사람 송필(松弼)이 이곳에 웅거하여 반란을 일으켰기 때문에 이름을 일신현(一新縣)으로 강등하였다〉

신라 성덕왕(聖德王) 20년(721) 하슬라촌(何瑟羅)의 정부(丁夫) 2,000명을 징발하여 북원경성(北原京城)을 쌓았다.

『창고』(倉庫)

흥원창(興原倉)〈읍치로부터 서남쪽으로 70리의 섬강(蟾江) 북쪽연안에 있다. 옛날에는 원주(原州)·영월(寧越)·평창(平昌)·정선(旌善)·횡성(橫城)의 전세(田稅)를 거둬 경사(京師: 서울)로 보내는 조운 창고(漕倉: 쌀·보리·콩·조 등의 곡물로 거둔 조세를 연해안 또는 수로 연변의 적당한 장소에 보관하였다가 선박에 의해 수도로 운송되는 것을 조운(漕運)이라 하며, 이

를 수집·보관·관리하는 기능을 가진 하부 행정구획을 조창이라고 한다/역자주)였으나 지금
은 폐지되고 다만 원주의 조세만 관리한다. ○고려 때 13조창(漕倉: 원문에는 12조창으로 되
어 있으나 13조창이 맞음.『고려사』에 의하면 국초에는 12개 였으나 문종때 서해도를 추가함
으로써 13창이었다. 즉, 고려시대 조창은 이곳 흥원창 외에도 덕흥창(德興倉)·하양창(河陽
倉)·영풍창(永豊倉)·안흥창(安興倉)·진성창(鎭城倉)·부용창(芙蓉倉)·해릉창(海陵倉)·장흥
창(長興倉)·해룡창(海龍倉)·통양창(通陽倉)·석두창(石頭倉)·안란창(安瀾倉)이이었다/역자
주)을 세웠는데 그 중 하나이다. 평저선(平底船) 21척을 보유하고 있다. 평저선 한 척에는 쌀
200석을 싣는다〉

주천창(酒泉倉)〈옛 현(縣)에 있다〉

별창(別倉)〈읍치로부터 서쪽으로 40리에 있다. 사창(司倉)·영창(營倉)·둔창(屯倉)·군기
고(軍器庫)·영고(營庫)·보영고(補營庫)·군수고(軍需庫) 등이 모두 읍내에 있다〉

평원군(平原郡) 은섬포(銀蟾浦)의 옛 이름은 섬구포(蟾口浦)인데, 고려 때 포창(浦倉)을
세웠다.〈이 포창은 섬강에 있는데, 흥원의 조창(漕倉)은 아니다〉

『역참』(驛站)

단구역(丹邱驛)〈읍치로부터 동쪽으로 7리에 있다. 보안찰방(保安察訪)이 이곳에 주둔한다〉

안창역(安昌驛)〈읍치로부터 서쪽으로 30리에 있다. 옛 이름은 안양역(安壤驛)이다〉

유원역(由原驛)〈읍치로부터 북쪽으로 7리에 있으며 옛 이름은 유원역(幽原驛)이다〉

신림역(神林驛)〈읍치로부터 동쪽으로 40리에 있다〉

신흥역(新興驛)〈읍치로부터 동쪽으로 100리에 있나〉

〈○이상 5역은 원래 보안도(保安道)에 속해 있다〉

『진도』(津渡)

안창진(安昌津)〈겨울에는 다리로 건너도, 여름에는 배로 건넌다〉

흥원진(興原津)〈여주(驪州)와 통한다〉

주천진(酒泉津)·사천진(沙川津)〈읍치로부터 동쪽으로 105리에 있으며, 모두 평창(平昌)
과 통한다〉

『토산』(土産)

옥석(玉石)〈읍 서쪽 탑전곡(塔前谷)에서 난다〉·삼[마(麻)]·자초(紫草)·벌꿀[봉밀(蜂密)]·인삼(人蔘)·복령(茯苓)·잣[해송자(海松子)]·오미자(五味子)·석이버섯[석심(石蕈)]·송이버섯[송심(松蕈)]·영양(羚羊)·누치[눌어(訥魚)]·쏘가리[금린어(錦鱗魚)]·열목어[여항어(餘項魚)]·자기(磁器) 등이다.

○황장봉산(黃腸封山: 황장이란 소나무 심이 누런 것을 말하며 왕실에서 쓸 관을 만드는 재료이다. 따라서 황장봉산이란 궁궐에 바칠 소나무를 심은 산을 뜻한다/역자주)〈백양산(白揚山)과 사자산(獅子山)이다〉

『장시』(場市)

읍내(邑內)의 장날은 2일과 7일이고 안창(安昌)의 장날은 5일과 10일이다. 홍원(興原)의 장날은 3일과 8일이고 굴기(屈妓)의 장날은 5일과 10일이며 주천(酒泉)의 장날은 3일과 8일이다.

『누정』(樓亭)

청음정(淸陰亭)〈원주 읍내에 있다〉

청허루(淸虛樓)〈주천에 있다〉

구석정(龜石亭)〈원주로부터 동쪽으로 2리에 있다〉

『단유』(壇壝)

치악산단(雉岳山壇)〈명산으로 소사(小祀: 국가차원에서 지내는 제사의 하나. 국가의 제사로는 대사(大祀)·중사(中祀)·소사(小祀)가 있다/역자주)를 지낸다〉

『전고』(典故)

신라 진성왕 5년(891)에 북원(北原)의 도적 우두머리 양길(梁吉)이 그 부하 궁예(弓裔)를 보내 100여 명의 기병을 이끌고 북원(北原)·주천(酒泉)·내성(奈城)·울오(鬱烏)·어진(御珍) 등 10여 군현을 습격하니 모두 항복하였다.

○고려 고종 4년(1217)에 거란병(契丹兵)〈금산병(金山兵): 금산은 거란 왕자의 이름으로,

13세기 초 몽골에 금나라가 멸망하는 혼란기를 틈타 거병하여 고려에 침입해 왔다/역자주)이 원주에 쳐들어오니 고을사람들이 힘을 다해 싸워 이들을 물리치니 거란병은 후퇴하여 횡천에 주둔하고 있다가 다시 원주를 함락시켰다. 고종 40년(1253) 몽골병이 침입하여 원주성을 포위하였다가 포위를 풀고 물러갔다. 동왕 44년(1257)에 원주의 반란민 안열(安悅) 등이 옛 성을 점령하여 반란을 일으키니 장군 윤군정(尹君正) 등이 토벌하였다. 윤군정이 적 300여 명과 홍원창(興元倉)에서 싸워 크게 대파하여 드디어 성에 들어가 반란의 우두머리의 목을 베었다. 충렬왕 17년(1291) 몽골의 합단적이 쳐들어와 치악산성에 아래 주둔하여 온갖 계책을 내어 공격하였다. 성이 거의 함락될 즈음에 원충갑(元冲甲)이 향공진사(鄕貢進士)로서 원주의 별초군(別抄軍: 고려시대 정규군 이외에 결사대(決死隊)·선봉대(先鋒隊)·별동대(別動隊)의 성격을 갖는 특수 부대(特殊部隊)/역자주)이 되어 고을사람들과 힘을 합쳐 이를 막아냈다. 총 10여 차례 싸웠는데 죽이거나 포로로 잡은 사람이 매우 많았으며 이로부터 적의 기세가 꺾이어 감히 공격하지를 못하였다. 또 원주산성 방호별감(防護別監: 고려후기 지방의 산성 및 군비를 점검하기 위해 파견된 관직. 산성방호별감(山城防護別監)이라고도 한다/역자주) 복규헌(卜奎獻)은 58명을 포로로 잡았다. 공민왕 10년(1361) 홍건적(紅巾賊: 중국 원대(元代) 말기에 하북성(河北省) 일대에서 일어난 한족(漢族) 반란군의 하나로머리에 붉은 머리띠를 둘렀다. 원나라의 진압을 피해 고려 영토까지에 쳐들어와 공민왕이 경상도 안동(安東)까지 피난을 가야했다. 홍두적(紅頭賊)이라고도 한다/역자주) 기병 300여명이 원주에 쳐들 와 함락시키니 목사(牧使) 송광언(宋光彦)이 죽었다. 우왕 9년(1383) 왜구(倭寇)가 주천(酒泉)에 쳐들어 왔다. 또 동왕 11년(1385)에 원주를 노략했다.

조신 태조 원년(1392) 7월 고려 공양왕이 양위를 하고 원수로 불러나 왔다. 선조 25년(1592) 임진왜란 때 왜장 길성중융(吉盛重隆)이 철령(鐵嶺)으로부터 길을 나눠 관동(關東)을 향하면서 여러 읍들을 유린하고 장자 원주로 쳐들어오자 원주목사(原州牧使) 김제갑(金悌甲)과 여주목사(驪州牧使) 원호(元豪)가 군대를 이끌고 영원산성(翎原山城)으로 피하여 들어갔는데, 산성의 사면은 모두 절벽이고 오직 한 길만이 통하였는데 적들이 절벽을 따라 몰래 잡입하여 성으로 들어와 함락시켰다. 그러나 김제갑은 이들에 항복하지 않고 아내와 자식과 함께 죽음을 택하였다.

2. 춘천도호부(春川都護府)

『연혁』(沿革)

본래 오근내(烏根內)였으며〈또는 수차약(首次若)이라고도 한다〉후에 신라의 소유가 되었다. 선덕왕 6년(637)에 우수주(牛首州)라하고 군주(軍主)를 두었다가〈진덕왕 원년(632)에 대아찬 수승(守勝)을 우두주군주(牛頭州軍主: 수(首)는 두(頭)와 같이 씀으로 우수두군주는 우두주군주와 같다/역자주)로 삼았다〉후에 수약주(首若州)로 고쳤다. 문무왕 13년(673) 우수정(牛首停: 신라에서는 영(營)을 정(停)이라 하였다/역자주)을 두었다.〈군사제도는 한산정(漢山停)과 같다. ○신라 효소왕 7년(698)에 이찬 체원(體元)을 우두주총관(牛頭州摠管)으로 삼았다〉경덕왕 16년(757)에 삭주도독부(朔州都督府)로 고치고〈이로써 9주(九州)를 갖추게 되었다. ○주(州) 1, 소경(小京) 1, 군(郡) 12, 현(縣) 26을 관할한다. ○삭주도독부에는 4개의 현이 속하였는데, 난산현(蘭山縣)·녹효현(綠驍縣)·횡천현(橫川縣)·지평현(砥平縣)이다〉후에 광해주(光海州)로 바꾸었다. 고려 태조 23년(940)에 춘주(春州)로 고치고, 성종 14년(995)에 단련사(團練使)를 두어 안변부(安邊府)에 속하게 하였다. 고려 현종 때 고쳐 지군사(知郡事)를 두고,〈교주도(交州道)에 속하게 하였다. ○속군(屬郡)은 2인데, 가평군(嘉平郡)과 낭천군(狼川郡)이다. 속현(屬縣)은 9이니, 기린현(基麟縣)·인제현(麟蹄縣)·횡천현(橫川縣)·홍천현(洪川縣)·문등현(文登縣)·방산현(方山縣)·단화현(湍和縣)·양구현(楊口縣)·조종현(朝宗縣)이다〉신종 6년(1203) 안양도호부(安陽都護府)로 승격되었다.〈고을사람이 도로가 험악하여 왕래하기가 불편하다 하여 무인(武人) 집정 최충헌(崔忠獻: 1149~1219)에게 뇌물을 써서 부로 승격시켰다〉후에 다시 지춘주군사(知春州郡事)로 환원하였다. 조선 태종 13년(1413)에 춘천군(春川郡)으로 고치고, 동왕 15년에 도호부(都護府)로 승격되고, 영조 31년(1755)에 현으로 강등되었다가〈역적 정연(鼎衍)이 태어난 곳이기 때문이다〉동왕 40년(1764)에 다시 도호부로 승격되었다.

「읍호」(邑號)

수춘(壽春)〈고려 성종 때 정한 이름이다〉과 봉산(鳳山)이다.

「관원」(官員)

도호부사(都護府使) 1명을 두었다.〈좌영장과 포토사를 겸한다(兼左營將討捕使)〉

【관찰사좌영(觀察使左營)이 있다】

『고읍』(古邑)

난산고현(蘭山古縣)〈읍치로부터 북쪽으로 40리에 있다. 인남역(仁嵐驛) 땅이었으나 낭천(狼川)으로 옮겼다. 본래 백제 석달현(昔達縣)이었으나 신라 경덕왕 16년(757) 난산(蘭山)으로 고쳐 낭천군(狼川郡) 영현(領縣)으로 삼았다. 고려 현종 9년(1018)에 이곳 춘천에 예속시켰다〉

기린고현(基麟古縣)〈읍치로부터 동쪽으로 140리에 있다. 본래 신라 기지현(基知縣)이었으나 경덕왕 16년(757)에 기린(基麟)으로 바꾸어 양록군(楊麓郡) 영현으로 삼았다. 고려 현종 9년(1018)에 이곳 춘천에 예속시켰다〉

○살펴보건대, 한나라 말기에 낙랑국(樂浪國)이 남쪽으로 춘천을 소유하였으나, 백제 시조가 처음으로 국가를 칭하고서 동쪽으로 낙랑을 차지하였다. 신라 시조 30년(기원전 29년) 낙랑사람들이 침략해와 변경에 이르렀고, 남해왕(南解王) 원년(4년) 낙랑군이 금성(金城: 신라의 수도 경주/역자주)을 포위하였다가 곧 물러났다. 남해왕 15년(18년)에 낙랑군이 허실을 타고 다시 쳐들어와 금성을 공격하였다. 유리왕(儒理王) 14년(37년) 겨울 고구려가 낙랑을 정벌하니 낙랑사람(樂浪人) 5천명과 대방사람(帶方人)이 와서 투항하였다. 나해왕(奈解王) 27년(222)에 백제군이 우두주(牛頭州)에 쳐들어왔다.〈백제 초의 강역 중 동쪽은 주양(走壤)까지 뻗었으나, 3국 초기 본 주는 고구려나 백제의 영토에 들어와 있지 않았다〉

신라 기림왕(基臨王) 3년(300)에 왕이 비열홀(比列忽)〈지금의 안변(安邊)이다〉을 순수(巡守)하고, 우두주에 이르러 태백산(太白山)을 향하여 제사를 드리니, 낙랑과 대방 두나라가 귀부하여 복속되었다.〈『삼국유사(三國遺事)』에는 "우수주는 옛 맥국(貊國)이다"라고 하였으며, 『고려사(高麗史)』 지리지(地理志)에는 "교주도(交州道)는 본래 맥(貊)의 땅이다"라고 하였다. 또 "춘주(春州)는 본래 맥국이었으나 후대사람들이 모두 낙랑을 가리켜 맥이라 하여 와전되어 사실을 잃어버렸다"고 하였다〉

『산수』(山水)

봉의산(鳳儀山)〈읍치로부터 북쪽으로 1리에 있다〉

청평산(淸平山)〈혹은 경운산(慶雲山)이라고도 한다. 읍치로부터 동북쪽으로 40리에 있다. 골짜기[동부(洞府)]의 물과 돌이 매우 아름답다. ○문수사(文殊寺)가 있다. 고려 광종 20년(969) 당나라 승려 승현(承玄)이 창건하여 이름을 백암선원(白岩禪院)이라 하였다. 고려 문종 23년(1069) 춘주도감창사(春州道監倉使) 이공 두(李頭)가 절을 세우니 이름은 보현원(普賢院)이다. 예종 때 이자현(李資玄, 1061~1125)이 문수원(文殊院)을 짓고 거처하고 산의 이름을 고쳐 청평(淸平)이라 했다가 후에 원나라 태정제(泰定帝)의 황후가 승려 성징(性澄)과 윤견(允堅)이 바친 불경을 이 절에 보관케 하니 이제현(李齊賢, 1287~1367)이 왕의 뜻을 받들어 비석을 세웠다. ○황후는 고려 광주사람(光州人) 화평부원군(化平府院君) 김심(金深)의 딸이다. 영지(影池)에 대해서는 아래에 설명이 있다〉

용화산(龍華山)〈읍치로부터 북쪽으로 60리에 있다. 낭천(狼川)과의 경계이다〉

화악산(華岳山)〈읍치로부터 서쪽으로 90리에 있다. 자세한 설명은 가평(加平)조에 있다〉

대룡산(大龍山)〈혹은 여매압산(汝每押山)이라고도 한다. 읍치로부터 동쪽으로 20리에 있다〉

중전산(中田山)〈읍치로부터 동쪽으로 90리에 있다〉

백운산(白雲山)〈읍치로부터 서북쪽으로 100리에 있으며 영평(永平)과의 경계이다〉

향로산(香爐山)〈읍치로부터 남쪽으로 10리에 있다. 서쪽으로는 봉황대(鳳凰臺)가 강에 임해 있다〉

전방산(箭防山)〈읍치로부터 남쪽으로 15리에 있다〉

사인암산(舍人岩山)〈읍치로부터 북쪽으로 45리에 있다. 산 위에는 많은 돌들이 삐죽삐죽 솟아 있으며, 골짜기는 맑고 기이하다〉

채의산(采義山)〈읍치로부터 동쪽으로 35리에 있다〉

유곡산(楡谷山)〈채의산(采義山): 원문에는 송의(宋義)로 되어 있으나 채의(采義)이어야 한다/역자주) 서쪽 지류로, 읍치로부터 동쪽으로 30리에 있다〉

구절산(九節山)〈혹은 구절판(九折坂)이라고도 한다. 읍치로부터 남쪽으로 50리에 있다〉

오봉산(五峰山)〈읍치로부터 서남쪽으로 30리에 있다〉

마작산(磨作山)〈읍치로부터 동북쪽 30리에 있으며, 서쪽에는 삼회동(三檜洞)이 있다〉

추청산(秋晴山)〈읍치로부터 북쪽으로 45리에 있다〉

수산(水山)〈읍치로부터 동쪽으로 60리에 있다. 양구(楊口)와의 경계이다〉

삼악산(三岳山)〈읍치로부터 서쪽으로 35리에 있다. 강의 북쪽은 벼랑이다. ○삼악사(三岳寺)가 있다〉

가리산(加里山)〈읍치로부터 동쪽으로 60리에 있다. 홍천(洪川)과의 경계이다〉

무릉협(武陵峽)〈읍치로부터 남쪽으로 25리에 있다〉

우두평(牛頭坪)〈소양강(昭陽江)과 신연강(新淵江) 두 강 사이에 있다. 물을 끼고 돌이 있으며, 돌 아래에 강이 있고 강 밖에는 산이 있다. 산이 사방으로 둘러싸여 있으며 개간한 지가 이미 오래되었다. 창활하여 밝고 시원한 기운이 있어 풍기가 밀착하고, 토지가 비옥하며 배를 정박하기가 편리하다. ○우두산(牛頭山)이 읍의 북쪽 15리에 있다. 외로운 산이 들판에 있는데 작은 산이 고립되어 있는 것이 마치 섬 같다〉

내평(內坪)〈읍치로부터 동북쪽으로 60리에 있다〉

「**영로**」**(嶺路)**

석파령(石破嶺)〈읍치로부터 서쪽으로 30리에 있다〉

부침현(浮沈峴)〈읍치로부터 동쪽으로 25리에 있다〉

대동령(大同嶺)〈읍치로부터 동쪽으로 50리에 있다〉

원창현(原昌峴)〈읍치로부터 남쪽으로 30리에 있다〉

송전치(松田峙)〈읍치로부터 남쪽으로 15리에 있다〉

사현(沙峴)〈읍치로부터 남쪽으로 40리에 있다〉

유현(楡峴)〈읍치로부터 남쪽으로 45리에 있다〉

덕만치(德萬峙)〈읍치로부터 서남쪽으로 40리에 있다〉

다목치(多木峙)〈읍치로부터 서북쪽으로 100리에 있다. 영평(永平)과의 경계이다〉

백현(栢峴)〈동쪽으로 가는 길(東路)이다〉

물애령(勿愛嶺)〈서쪽으로 가는 길(西路)이다〉

기낙천(幾落遷)〈읍치로부터 동북으로 25리에 있으며, 돌길이 강을 끼고 있으며 매우 험난하다〉

보도천(甫道遷)〈읍치로부터 북쪽으로 30리에 있으며, 돌길이 강을 끼고 있어 매우 위험하다〉

○신연강(新淵江)〈읍치로부터 서쪽으로 10리에 있으며, 무진강(毋津江)의 하류이다〉

무진강(毋津江)〈읍치로부터 서북쪽으로 20리에 있으며, 낭천 남강(狼川南江)의 하류이다〉

소양강(昭陽江)〈읍치로부터 북쪽으로 5리에 있으며 양구(楊口) 남강(南江)의 하류이다. ○이상은 수경(水經)조에 자세한 설명이 있다〉

대동천(大同川)〈혹은 공지천(孔之川)이라고도 한다. 읍치로부터 서남쪽으로 15리에 있다. 물의 근원은 사현(沙峴) 무릉협(武陵峽)에서 시작하여 서쪽으로 흘러 신연강(新淵江)으로 들어간다〉

사탄천(史呑川)〈읍치로부터 서북쪽으로 70리에 있다. 물의 근원은 백운산(白雲山)의 실운동(實雲洞)에서 시작하여 동남쪽으로 흘러 무진강 상류로 들어간다〉

가정천(柯亭川)〈읍치로부터 서남쪽으로 70리에 있다. 서쪽으로 흘러 홍천강(洪川江)으로 들어간다〉

서사천(西士川)〈읍치로부터 서쪽으로 50리에 있다. 물의 근원은 덕만치(德萬峙)에서 시작하여 서쪽으로 흘러 신연강(新淵江)으로 들어간다〉

수산천(水山川)〈물의 근원은 수산(水山)에서 시작하여 동쪽으로 흘러 인제(麟蹄) 남강(南江)으로 들어간다〉

서상천(西上川)〈서상면(西上面)에 있다. 물의 근원은 화악산(華岳山)에서 시작하여 동쪽으로 흘러 무진강(母津江)으로 들어간다〉

백로주(白鷺洲)〈읍치로부터 7리에 있다. 소양강(昭陽江)과 신연강(新淵江)의 2강이 합치는 앞자락의 안쪽에 퇴적된 모래섬이 있고, 비옥한 밭이 편편하게 펼쳐있다〉

영지(影池)〈청평산(淸平山)에 있다〉

『방면』(坊面)

부남면(府南面)〈읍치로부터 1리에서 시작하여 10리에서 끝난다〉

남부내면(南府內面)〈읍치로부터 남쪽으로 10리에서 시작하여 15리에서 끝난다〉

동내면(東內面)〈읍치로부터 동쪽으로 10리에서 시작하여 25리에서 끝난다〉

남내면(南內面)〈읍치로부터 서남쪽으로 15리에서 시작하여 30리에서 끝난다〉

북내면(北內面)〈읍치로부터 북쪽으로 10리에서 시작하여 40리에서 끝난다〉

동산외면(東山外面)〈읍치로부터 동쪽으로 15리에서 시작하여 60리에서 끝난다〉

남산외면(南山外面)〈읍치로부터 서남쪽으로 35리에서 시작하여 90리에서 끝난다〉

서상면(西上面)〈읍치로부터 서북쪽으로 20리에서 시작하여 50리에서 끝난다〉

서하면(西下面)〈읍치로부터 서쪽으로 15리에서 시작하여 50리에서 끝난다〉

북중면(北中面)〈읍치로부터 북쪽으로 15리에서 시작하여 25리에서 끝난다〉

북산외면(北山外面)〈읍치로부터 동북쪽으로 30리에서 시작하여 80리에서 끝난다〉

사탄면(史呑面)〈읍치로부터 서북쪽으로 60리에서 시작하여 100리에서 끝난다〉

내면(內面)〈읍치로부터 서북쪽으로 20리에서 시작하여 80리에서 끝난다〉

기린면(基麟面)〈읍치로부터 동쪽으로 130리에서 시작하여 250리에서 끝난다. 동서쪽으로는 120여 리이며, 남북쪽으로는 20~30리이다. 동쪽으로는 양양(襄陽)과 접하고, 남쪽으로는 강릉(江陵)과 접하며, 서쪽으로는 홍천(洪川), 북쪽으로는 인제(麟蹄)와 접한다〉

유곡부곡(楡谷部曲)〈읍치로부터 동쪽으로 30리에 있다〉

지내촌소(枝內村所)〈읍치로부터 동쪽으로 15리에 있다〉

『성지』(城池)

봉의산고성(鳳儀山古城)〈성의 둘레가 2,463척이다〉

삼악산고성(三岳山古城)〈돌로 쌓은 성(石築) 터가 있다〉

우두평고성(牛頭坪古城)〈읍치로부터 북쪽으로 13리에 있다. 이곳을 가리켜 맥국(貊國) 때 지은 성이라고 한다〉

신라 문무왕 13년(673) 수약주(首若州) 주양성(走壤城)을 쌓았다.〈질암성(迭岩城)이라고도 한다〉

『창고』(倉庫)

소양강창(昭陽江倉)〈강 북쪽 연안에 있다. 옛날에는 춘천(春川)·홍천(洪川)·인제(麟蹄)·양구(楊口)·낭천(狼川) 등의 전세(田稅)를 거둬 서울까지 조운하였지만 지금은 폐지되고 단지 춘천의 전세만 거둬 보관한다〉

남사창(南社倉)〈읍치로부터 서쪽으로 35리에 있다〉

북사창(北社倉)〈읍치로부터 동북쪽으로 40리에 있다〉

외창(外倉)〈사탄면(史呑面)에 있다〉

내창(內倉)〈내면(內面)에 있다〉

기린창(基麟倉)〈기린고현(基麟古縣)에 있다〉

『역참』(驛站)

보안역(保安驛)〈읍치로부터 동쪽으로 5리에 있다. 이곳에 있었던 찰방은 원주(原州) 단구역(丹邱驛)으로 옮겨가 있다〉

원창역(原昌驛)〈옛 이름은 원양역(員壤驛)이다. 읍치로부터 남쪽으로 30리에 있다〉

부창역(富昌驛)〈읍치로부터 동북쪽으로 50리에 있다〉

인남역(仁嵐驛)〈읍치로부터 북쪽으로 45리에 있다〉

안보역(安保驛)〈읍치로부터 서쪽으로 40리에 있다. ○이상 4개의 역은 보안도(保安道)에 속해 있다〉

『진도』(津渡)

무진(毌津)〈읍치로부터 서북쪽으로 20리에 있다〉

소양강진(昭陽江津)〈읍치로부터 북쪽으로 3리에 있다〉

우두진(牛頭津)〈읍치로부터 북쪽으로 5리에 있다〉

오무진(五舞津)〈읍치로부터 서쪽으로 10리에 있다〉

『토산』(土産)

삼[마(麻)]·면(綿)·칠(漆)·잣[해송자(海松子)]·오미자(五味子)·지치[자초(紫草)]·인삼(人蔘)·복령(茯苓)·송이버섯[송심(松蕈)]·석이버섯[석심(石蕈)]·영양(羚羊)·벌꿀[봉밀(蜂蜜)]·고비[신감채(辛甘菜)]·산개(山芥)·누치[눌어(訥魚)]·열목어[여항어(餘項魚)]·쏘가리[금린어(錦鱗魚)] 등이다.

○황장봉산(黃腸封山)〈1곳이다〉

『장시』(場市)

읍내(邑內)의 장날은 2일과 7일이고 북중(北中)의 장날은 1일과 6일이다.

『누정』(樓亭)

소양정(昭陽亭)〈혹은 이악루(二樂樓)라고도 한다. 소양강(昭陽江) 남쪽에 있다〉

비선정(飛仙亭)〈소양정 위에 있다〉

『전고』(典故)

고려 고종 4년(1217)에 거란병(契丹兵)〈금산병(金山兵)〉이 안양도호부(安陽都護府)를 함락하였다. 동왕 40년(1253)에 문학(文學: 고려 문종 때 방어진(防禦鎭)에 두어 강학(講學)을 맡았던 관직/역자주) 조효립(曺孝立)이 춘주(春州)에 있었는데 몽골병이 성을 몇 겹으로 포위한 채 여러 날 동안 공격하니 우물이 모두 고갈되어 사졸들이 모두 피곤해 지쳤다. 이에 조효립이 성을 지킬 수 없음을 알고 아내와 함께 불 속으로 뛰어들어 죽었다.

동왕 46년(1259)에 조휘(曺暉)〈영흥(永興)조에 자세한 설명이 있다〉의 무리가 동진국(東眞國: 13세기 초 금나라 말기에 몽고의 흥기로 나라가 어수선할 때 금(金) 선무사(宣撫使) 포선만노(蒲鮮萬奴)가 요동(遼東)에 웅거하여 세운 나라로 고려 고종 때 사신을 파견하는 등 고려와 통교하였으나 나중에는 몽고와 함께 고려에 쳐들어왔다/역자주) 병졸을 이끌고 화주(和州)에 올라 반란민을 이끌고 춘주(春州) 천곡촌(泉谷村)에 웅거하니 신의군(神義軍) 5명이 몽골군 원수 차라대(車羅大)의 사신이라고 거짓 칭하고 그들이 있는 곳으로 쳐들어가고, 별초군(別抄軍)을 불러 사방으로 공격하니 한 명도 빠져나가지 못하였다.

우왕 9년(1383)에 체찰사(體察使: 지방에 군란이 있을 때 임금을 대신하여 그 지방의 군무를 총괄하는 임시벼슬로 재상이 겸임한다/역자주) 정승가(鄭承可)가 양구(楊口)에서 왜구(倭寇)와 싸우다 패하여 춘주(春州)로 퇴각하여 주둔하고 있었는데, 왜적이 춘주까지 쫓아와 공격하여 함락하였다. 드디어 가평현(加平縣)까지 침략해오니 원수(元帥) 박충간(朴忠幹)이 이들을 맞아 싸워 물리치고, 6명을 죽였다. 적들이 청평산(淸平山)으로 도망가 웅거하니 우인열(禹仁列: 1337~1403) 등을 보내 공격해 물리쳤다.

3. 철원도호부(鐵原都護府)

『연혁』(沿革)

본래 백제 모을동비(毛乙冬非)였다.〈후에 철원(鐵圓)으로 고쳤다〉 신라 경덕왕 16년(757)에 철원군(鐵原郡)으로 고쳤다.〈한주도독부(漢州都督府)에 예속시켰다. ○속현이 2인데, 동량(㠉梁)·공성(功城)이다〉효공왕(孝恭王) 8년(904)에 궁예(弓裔)가 궁궐을 짓고 중앙과 지방의 관직을 두고 나라이름(國號)을 마진(摩震)이라 하고 청주사람(靑州人) 1,000명을 이주시켰다. 이듬해(905) 송악(松嶽: 개성의 옛 이름/역자주)으로부터 이곳으로 도읍을 옮겼다. 동왕 15년(911)에 나라이름을 태봉(泰封)으로 고쳤다. 신라 경명왕(景明王) 2년(918)에 고려 태조가 태봉의 포정전(布政殿)에서 즉위하고, 궁예는 쫓겨나 부양(斧壤)으로 도망가 죽었다. 이듬해 고려는 도읍을 송악으로 옮기고 철원은 그 이름을 동주(東州)로 고쳤다. 고려 성종 14년(995)에 단련사(團練使)를 두었다가 목종 8년(1005)에 폐지하였다. 현종 9년(1018)에 지군사(知郡事)로 고쳤다.〈교주도(交州道)에 예속시켰다.○속군(屬郡)은 1인데, 금화(金化)이다. 속현(屬縣)은 7인데, 삭녕(朔寧)·평강(平康)·장주(漳州)·승령(僧嶺)·이천(伊川)·안협(安峽)·동음(洞陰)이다〉고종 41년(1254)에 현령(縣令)으로 강등하고, 후에 다시 목(牧)으로 하였다가 충선왕 2년(1310) 철원부(鐵原府)로 고쳤다. 조선 태종 13년(1413)에 도호부(都護府)로 바꾸고〈세종 16년(1434)에 경기도(京畿道)에 속해 있던 것을 강원도 소속으로 바꾸었다〉정조 때 회양진(淮陽鎭)을 이곳 철원부로 옮겼다.

「읍호」(邑號)

창원(昌原)〈고려 성종 때 정하였다〉과 육창(陸昌)이다.

「관원」(官員)

도호부사(都護府使)가 1명이다.

『산수』(山水)

고암산(高岩山)〈읍치로부터 북쪽으로 40리에 있다. 평강(平康)과 경계이다〉

백악산(白岳山)〈읍치로부터 서북쪽으로 35리에 있다〉

수정산(水精山)〈읍치로부터 남쪽으로 15리에 있다〉

고남산(古南山)〈읍치로부터 남쪽으로 45리에 있다〉

남산(南山)〈읍치로부터 남쪽으로 35리에 있다〉

효성산(曉星山)〈읍치로부터 서북쪽으로 30리에 있다. 서쪽으로 삭녕(朔寧) 말응산(末應山)과 연결되어 있다〉

보개산(寶盖山)〈읍치로부터 남쪽으로 20리에 있다. 석봉(石峰)이 울쑥불쑥 솟아 있으며 골짜기가 깊고 경치가 뛰어나다. ○석대사(石臺寺)가 환희봉(歡喜峰) 아래에 있다. 신라 원성왕(元聖王) 8년(792)에 렵사(獵師) 이순석(李順石)이 돌부처(石佛)를 보았기 때문에 이곳에 절을 세웠다. ○신흥동(新興洞)이 산의 동쪽에 있는데 두 산이 높아 겨우 물길만 통하며, 흰돌이 어지러이 깔려있는데, 때로는 깊은 못을 이루기도 하고 더러는 짧은 폭포를 이루기도 한다〉

불견산(佛見山)〈읍치로부터 서남쪽으로 45리에 있다. 연천(漣川)과의 경계이다〉

용화산(龍華山)〈읍치로부터 동남쪽으로 50리에 있다. 영평(永平)의 백운산(白雲山) 서쪽

지류이다. 가운데 삼부연(三釜淵)이 있는데 곧 백운산(白雲山)에서 내려오는 물의 하류가 석벽(石壁)에 폭포처럼 흘러 3층의 솥[부(釜)]을 이룬다〉

금학산(金鶴山)〈읍치로부터 남쪽으로 25리에 있다〉

운원산(雲院山)〈읍치로부터 동북쪽으로 30리에 있다. 평강(平康)과의 경계이다〉

풍천원(楓川原)〈읍치로부터 북쪽으로 25리에 있다〉

재송평(栽松坪)〈읍치로부터 북쪽으로 40리에 있다. 평강(平康)과의 경계이다〉

대야평(大也坪)〈읍치로부터 동쪽으로 10리에 있다. 누런 띠 풀이 눈에 가득히 들어온다. 옛 동주평(東州坪)으로 고려시대에는 목장(牧場)을 설치하였으므로 동주장(東州場)이라 하였으나 후에는 폐지되었다. 재송평(栽松坪)과 더불어 모두 무예를 닦는 곳이었다. 조선 세종이 이곳에 행차한 적이 있다〉

「영로」(嶺路)

갈마현(渴馬峴)〈읍치로부터 서쪽으로 40리에 있다. 삭녕(朔寧)과의 경계이다〉

상현(霜峴)〈읍치로부터 북쪽으로 30리에 있다. 평강(平康)과의 경계이다〉

○체천(砌川)〈읍치로부터 동남쪽으로 30리에 있다. 평강(平康) 정자연(亭子淵) 하류이다. 양쪽 연안은 모두 석벽인데 마치 충계와 같다. 그 아래는 치곶진(峙串津)이 되며 영평(永平)과의 경계에 이르러서는 화적연(禾績淵)이 된다. ○자세한 설명은 양주(楊州) 산수(山水)조에 있다〉

양천(凉川)〈읍치로부터 서쪽으로 20리에 있다. 물의 근원은 삭녕 홍성산(朔寧興盛山)에서 시작되어 동남쪽으로 흘러 연천(漣川)으로 들어가 남천(南川)이 되어 대탄(大灘)으로 흘러들어간다〉

마용연(馬龍淵)〈읍치로부터 북쪽으로 15리에 있다. 물의 남북 상하는 거의 3, 40리가 되며, 풍천원(楓川原)·재송평(栽松坪)과 더불어 모두 하나의 평야를 이룬다. 평야 가운데는 물이 깊고 검은돌(黑石)이 마치 벌레가 파먹은 것처럼 되어 있는데, 세상에서는 괴석(怪石)이라고 부른다. 사람들은 이 돌을 취하여 절구[대마(碓磨)]를 만든다〉

동천(東川)〈읍치로부터 동쪽으로 1리에 있다. 물의 근원은 운원산(雲原山)에서 나와 읍의 동남쪽으로 흘러 체천(砌川) 하류로 들어간다. 읍의 동천(東川) 가에는 종천대(宗川臺)가 있다〉

송도포(松都浦)〈읍의 동남쪽에 있다. 포(浦) 변은 석벽(石壁)이 사방으로 둘러쳐 있고 한 면의 아래에는 푸르디 푸른 깊은 못이 있다〉

『방면』(方面)

동변면(東邊面)〈읍치로부터 5리에서 시작하여 10리에서 끝난다〉

서변면(西邊面)〈읍치로부터 10리에서 끝난다〉

송내면(松內面)〈읍치로부터 남쪽으로 10리에서 시작하여 20리에서 끝난다〉

관인면(寬仁面)〈읍치로부터 남쪽으로 10리에서 시작하여 50리에서 끝난다〉

어은동면(於隱洞面)〈읍치로부터 동북쪽으로 15리에서 시작하여 30리에서 끝난다〉

북면(北面)〈읍치로부터 15리에서 시작하여 45리에서 끝난다〉

무장면(畝長面)〈읍치로부터 서쪽으로 15리에서 시작하여 30리에서 끝난다〉

갈미면(㙜末面)〈읍치로부터 20리에서 시작하여 50리에서 끝난다〉

골파면(㐌坡面)]〈읍치로부터 서쪽으로 20리에서 시작하여 20리에서 끝난다〉

만종면(萬宗面)〈읍치로부터 동쪽에 있다〉

외서면(外西面)〈읍치로부터 서쪽에 있다〉

백산면(白山面)〈읍치로부터 서쪽에 있다. 이상 3개면은 지도에 수록하였다〉

새로 뚝을 쌓은 곳이 30곳이다.

『성지』(城池)

태봉시도성(泰封時都城)〈풍천원(楓川原)에 있다. 내성(內城)의 둘레는 1,905척이며, 외성(外城)의 둘레는 24,421척이다. 가운데에는 궁전 터(宮殿遺址)가 있다〉

고석성(孤石城)〈읍치로부터 동남쪽 30리에 있다. 성의 둘레가 2,892척이다. 곁에는 고석정(孤石亭)이 있다. 신라 진평왕과 고려 충숙왕이 일찍이 이곳을 유람한 적이 있다. 큰 바위가 불쑥 올라 있는 것이 300척이나 되며 둘레는 10여 장(丈)이 된다. 위에는 큰 구멍이 있는데 엎드려 들어갈 수 있다. 마치 집의 옥탑 같으며 10여 명이 앉아 있을 만하다. 곁에는 신라 진평왕비(眞平王碑)가 있고 앞뒤의 큰 바위가 정자와 마주하고 있고, 물이 바위 아래에 이르러 못을 이루었는데 가까이 와서 이곳을 보면 전율이 나며 가히 두려움을 느끼게 된다〉

『봉수』(烽燧)

소이산봉수(所伊山烽燧)〈읍치로부터 서쪽으로 5리에 있다〉

할미현봉수(割尾峴烽燧)〈읍치로부터 남쪽으로 25리에 있다〉

『창고』(倉庫)

동창(東倉)〈읍치로부터 동남쪽으로 30리에 있다〉

서창(西倉)〈읍치로부터 서남쪽으로 25리에 있다〉

북창(北倉)〈읍치로부터 북쪽으로 15리에 있다〉

『역참』(驛站)

풍전역(豊田驛)〈읍치로부터 동남쪽으로 50리에 있다. 옛 이름은 전원역(田原驛)이다〉

용담역(龍潭驛)〈읍치로부터 서남쪽으로 10리에 있다. ○이상 2역은 은계도(銀溪道)에 속해 있다〉

「혁폐」(革廢)

풍천역(楓川驛)〈옛날에는 풍천원(楓川原)에 있었으나 후에 폐지되었다. 보발(步撥: 조선 선조 30년에 만든 제도로 걸어서 공문을 전하는 사람을 칭함/역자주)을 두었다〉과 풍전참(豊田站)이 있었다.

『진도』(津渡)

체천진(砌川津)〈읍치로부터 남쪽으로 40리에 있다. 영평(永平)과 통한다. 겨울에는 임시다리를 이용해 건너고, 여름에는 진을 이용해 배로 건넌다〉

『토산』(土産)

칠(漆)·인삼(人蔘)·녹용(鹿茸)·오미자(五味子)·복령(茯笭)·벌꿀[봉밀(蜂蜜)]·송이버섯[송심(松蕈)]·산무애뱀[백화사(白花蛇): 까치살모사로서 약용에 쓰인다/역자주]·누치[눌어(訥魚)]·쏘가리[금린어(錦鱗魚)]·자기(磁器) 등이다.

『장시』(場市)

읍내(邑內)의 장날은 2일과 7일이고 외서(外西)의 장날은 4일과 9일이며 북면(北面)의 장날은 1일과 6일이다.

『누정』(樓亭)

북관정(北寬亭)·진동루(鎭東樓)·가학루(駕鶴樓)〈모두 읍내에 있다〉

『전고』(典故)

신라 진성왕 9년(895)에 궁예가 부약(夫若)〈금화(金化)이다〉과 철원(鐵原) 등 10여 군현을 공격해 무너뜨렸다. 효공왕 7년(903)에 궁예가 수도를 옮기고자 하여 철원과 부양(釜壤)〈평강(平康)이다〉에 이르러 두루 산수를 살펴보았다. 동왕 8년(904)에 궁예가 신라의 제도를 모방하여 관직을 설치하였으며 패강도(浿江道) 10여 주현이 모두 궁예에 항복하였다.

○고려 고종 4년(1217)에 거란병이 동주(東州)를 함락하였다. 고종 36년(1249)에 동진국(東眞國)의 군대가 동주(東州) 경내에 쳐들어오니 별초군(別抄軍)을 보내 저지시켰다. 고종 40년(1253)에 몽골군(蒙古軍)이 동주산성(東州山城)을 함락하였다. 동왕 44년(1257) 동진이 동주 경계를 노략하였다. 충숙왕 6년(1319) 왕이 철원에 와서 사냥을 하고 고석정(孤石亭)에 이르렀다. 우왕 3년(1377)에 경성(京城: 개성/역자주)의 해안을 따라 왜구의 노략질이 극에 달하니 수도를 내지(內地)로 옮기고자 하여 권중화(權仲和, 1322~1408)를 파견해 철원의 지리를 살피게 하고 명하여 궁성을 쌓게 하였으나 최영(崔瑩, 1316~1388)이 반대의 뜻으로 아뢰니 중단되었다.

○조선 태종 때와 세종 13년(1431) 및 세조 7년(1461)에 왕이 철원에 행하여 무예를 닦았다.

4. 회양도호부(淮陽都護府)

『연혁』(沿革)

본래 가혜아(加兮牙)였다.〈후에 각연성(各連城)으로 고쳤다〉신라 경덕왕 16년(757)에 연성군(連城郡)으로 고쳤다.〈삭주도독부(朔州都督府)에 속하였다. ○속현(屬縣)은 3이니, 단송(丹松)·일운(軼雲)·희령(狶嶺)이다〉고려(高麗) 초에 이물성(伊勿城)이라고 불렀으며, 고려 성종 14년(995)에 교주단련사(交州團練使)로 고치고, 고려 현종 9년(1018)에 방어사(防禦使)로 고쳤다.〈교주도(交州道)에 속하였다. ○속군(屬郡)이 2이니, 장양(長楊)과 금성(金城)이다. 속현은 4이니, 남곡(嵐谷)·통구(通溝)·기성(岐城)·화천(和川)이다〉충렬왕 34년(1308)에 회주목

(淮州牧)으로 승격되었으며,〈철령구자(鐵嶺口子)를 없애는 데 공을 세웠기 때문이다. ㅇ춘천(春川)으로부터 서화현(瑞和縣)을 이곳으로 옮겼다가 후에 인제(麟蹄)에 예속시켰다〉충선왕 2년(1310)에 회양부(淮陽府)로 강등되었다.〈여러 목(牧)을 없앴다〉조선 태종 13년(1413)에 도호부(都護府)로 고쳤다.〈세조 때 진(鎭)을 세웠다가 정조 때 철원부로 옮겼다〉

「관원」(官員)

도호부사(都護府使) 1명을 두었다.〈토포사(討捕使)를 겸한다〉

『고읍』(古邑)

화천고현(和川古縣)〈읍치로부터 동쪽으로 40리에 있다. 본래 수생천현(籔牲川縣)이었으나 경덕왕 16년(757) 수천(籔川)으로 고쳐 대양군(大楊郡) 영현(領縣)으로 삼았다. 고려 태조 23년(940)에 화천(和川)으로 고쳤다가 고려 현종 9년(1018)에 이곳 회양에 예속시켰다〉

남곡고현(嵐谷古縣)〈읍치로부터 서쪽으로 40리에 있다. 본래 (신라) 사비근을(沙非斤乙)이었으나 후에 적목진(赤木鎭)으로 바꾸었다. 경덕왕 16년(757)에 단송(丹松)으로 바꾸어 익성군(益城郡)의 영현으로 삼았다. 고려 태조 23년(940)에 남곡으로 바꾸고 현종 9년(1018)에 이곳 회양에 예속시켰다〉

장양고현(長楊古縣)〈읍치로부터 동남쪽으로 140리에 있다. 본래 마근압(馬斤押)이었으나 대양관군(大楊管郡)으로 고쳤다가 경덕왕 16년(757) 대양군(大楊郡)으로 고쳤다. 속현(屬縣)으로는 문등(文登)·수천(籔川)을 두었다. 고려 태조 23년(940)에 장양(長楊)으로 고쳤다가 현종 9년(1018) 이곳 회양에 예속시켰다〉

문등고현(文登古縣)〈읍치로부터 동남쪽으로 180리에 있다. 본래 목근시피혜(木斤尸陂兮)였으나 육현(六峴)으로 고쳤다. 경덕왕 16년(757) 문등(文登)으로 고쳐 대양군(大楊郡)의 영현으로 삼았다. 고려 현종 9년(1018)에 춘주(春州)에 속하게 하였다가 후에 이곳 회양에 예속시켰다.

일운고현(軼雲古縣)〈읍치로부터 남쪽으로 35리에 있다. 신안역(新安驛)의 땅이다. 지금은 저윤리(猪輪里)가 와전된 것이나 본래 관술(管述)이다. 경덕왕 16년 일운으로 고쳐 연성군(連城郡) 영현이 되었다. 고려 때 이곳 회양에 예속시켰다〉

희령고현(狶嶺古縣)〈읍치로부터 동남쪽으로 110리에 있다. 마휘령(摩暉嶺)의 남쪽에 있다. 장양현(長楊縣)으로부터 서북쪽으로 30리에 있다. 본래 저란현(猪蘭縣)이었다. 본래 도생피의

(島生陂衣)였다. 또는 저수(猪守)라고도 한다. 경덕왕 16년(757)에 희령(狶嶺)으로 고쳐 연성군(連城郡)의 영현을 삼았다. ○이상 2읍은 『신라지지(新羅地志)』에 모두 "미상(未詳)"으로 되어 있다〉

『산수』(山水)

의관산(義館山)〈읍치로부터 북쪽으로 1리에 있다. 매우 웅장하고 높다〉

금강산(金剛山)〈읍치로부터 동남쪽으로 160리에 있다. 옛날에는 개골산(皆骨山)이라고 하였으나 지금은 풍악산(楓岳山)·봉래산(蓬萊山)·중향산(衆香山)이라고 부른다. 여러 읍의 경계에 걸쳐 있으며 바위가 뼈처럼 솟아 있으며 봉우리가 골짜기를 이루고 있다. 흰돌들이 만 길이나 되는 산꼭대기에 뻗어있으며, 백 길이나 되는 무늬 연못이 혼연히 하나의 돌을 이루고 있다. ○비로봉(毘盧峰)·망고봉(望高峰)·태상봉(太上峰) 이 세 봉우리가 가장 웅장하고 높다. 만폭동(萬瀑洞)은 바로 하나의 산에서 내려와 백천으로 흘러 모이다가 서쪽으로 흘러 단연강(斷淵江)의 근원이 된다. ○장안사(長安寺)는 신라 법흥왕(法興王) 때 승려 진표(眞表)가 개창한 곳이다. 원나라 순제(元順帝) 지정(至正) 3년(1343) 황후 기씨(奇氏)가 중수하니 이곡(李穀, 1298~1351)이 중수비(重修碑: 비의 정확한 이름은 金剛山長安寺重興碑이다/역자주)를 썼다. ○표훈사(表訓寺)는 만폭동 입구에 있다. 신라 승려 표훈(表訓)이 창건하였다. 원나라 황제와 태황태후가 돈과 비단을 희사하여 세운 고비(古碑)가 있다. ○정양사(正陽寺)는 표훈사의 중앙 줄기로 가장 높은 곳에 위치해 있다. 누각의 이름은 헐성루(歇惺樓)이다. 고려 태조 때 창건하였다. ○마가연암(摩訶衍庵)은 만폭동 깊은 곳에 있다. 신라 승려 의상(義相)이 창건하였다. ○대개 이 산을 일컬어 "1만 2천봉(一萬二千峰)"이라하는데 그 봉우리가 많은 것을 과장한 것이다. 모두 흰돌이 숲을 이루어 하나의 조화를 이루고 있어 그 뜻이 매우 정교하다. 그 봉우리(峰巒)·못과 폭포(潭瀑)·동굴(洞窟)·대탑(坮塔)·절과 암자(寺庵)의 기괴함이 천태만상이다. 이들에 대해 승려들이 이름을 짓고 시인들이 화답하였으나 직접 가보지 않고 지은 말들이라 언어가 허망하고 거치니, 역시 풍류객들의 소일거리 일뿐이다〉

【단발령(斷髮嶺)으로부터 동쪽으로 작은 계곡을 건너면 남쪽으로 대천(大川)이 있다. 다시 동쪽으로 향해 대천을 건너 철이령(鐵伊嶺)을 넘어가면 또 대천이 있다. 이는 만폭동(萬瀑洞)의 하류이다】

천보산(天寶山)〈읍치로부터 서남쪽으로 12리에 있다. ○봉일사(鳳逸寺)가 있다〉

천마산(天摩山)〈읍치로부터 동남쪽으로 130리에 있다. 장양고현(長楊古縣) 서쪽에 있다〉

개탄산(介呑山)〈읍치로부터 동쪽으로 25리에 있다〉

백산(柏山)〈읍치로부터 동남쪽으로 5리에 있다. 잣나무가 수 만 그루 있다〉

백악산(白岳山)〈읍치로부터 동남쪽으로 45리에 있다〉

장미산(獐尾山)〈읍치로부터 동쪽으로 35리에 있다〉

마룡산(馬龍山)〈읍치로부터 남쪽으로 35리에 있다〉

파계산(波溪山)〈읍치로부터 남쪽으로 30리에 있다〉

어은산(於恩山)·광노산(匡盧山)〈모두 문등(文登)에 있다〉

궁괘판(弓掛阪)〈장양(長楊)의 동쪽에 있다〉

취병대(翠屛臺)〈읍치로부터 남쪽으로 10리에 있다. 수석(水石)으로 경치가 뛰어나다〉

한사리평(寒沙里坪)〈혹은 남곡야(嵐谷野)라고도 부른다. 읍치로부터 서쪽으로 45리에 있다〉

「영로」(嶺路)

단발령(斷髮嶺)〈읍치로부터 동남쪽으로 150리에 있다. 천마산(天摩山) 남쪽 지류이다. 혹은 마니산(摩尼山)이라고도 한다. 고개가 높고 험하여 곧바로 오를 수가 없다. 고개 위에는 단각(檀閣: 박달나무로 지은 누각/역자주)이 있는데 세조가 쉬었다가 간 곳이라고 한다〉

철령(鐵嶺)〈읍치로부터 북쪽으로 40리에 있다. 안변(安邊)과의 경계이다. 동쪽으로 미로(微路)가 있는데, 판기령(板機嶺)이라고 부른다. 또 동쪽으로 2개의 미로가 있는데, 법소령(法所嶺)과 평개령(平介嶺)이다. 모두 다른 것에 비할 수 없을 정도로 험난하다. 서쪽에는 안국사(安國寺)가 있다.

판기령(板機嶺)〈읍치로부터 동북쪽으로 50리에 있다〉

법소령(法所嶺)〈읍치로부터 동북쪽으로 55리에 있다〉

평개령(平介嶺)〈읍치로부터 동북쪽으로 60리에 있다. 이상 3고개는 모두 안변(安邊)과의 경계이며, 철령(鐵嶺)의 동쪽 줄기로 큰 고개이다〉

돈합령(頓合嶺)〈읍치로부터 동북쪽으로 70리에 있다. 평개령(平介嶺)의 다음이다〉

부노지령(夫老只嶺)〈읍치로부터 동쪽으로 30리에 있다. 화천(和川)으로 가는 길이다〉

추지령(楸池嶺)〈화천(和川)으로부터 동쪽으로 20리에 있다. 통천(通川)과의 경계이다. 매우 높고 험하다〉

철이령(鐵伊嶺)〈읍치로부터 동남쪽으로 120리에 있다. 동쪽으로 큰 내가 있으며, 만폭동(萬瀑洞)의 하류이다〉

마니령(摩尼嶺)〈읍치로부터 동남쪽으로 80리에 있다〉

곶곶령(嵓串嶺)〈위와 같다. 인제(麟蹄)와의 경계이다〉

상방령(上方嶺)〈읍치로부터 남쪽으로 60리에 있다〉

동파령(東坡嶺)〈크고 작은 2개의 고개가 있다. 읍치로부터 남쪽으로 100리에 있다. 고개밑에서 물이 나와 남쪽으로 흘러 수입면(水入面)에 이르러 다시 땅속으로 들어갔다가 수 십 리를 지나 다시 위로 나와 흐른다〉

쌍령(雙嶺)〈남곡고현(嵐谷古縣)으로부터 서남쪽으로 40리에 있다. 평강(平康)과 통한다〉

쇄령(灑嶺)〈읍치로부터 동남쪽으로 110리에 있다. 통천(通川)과의 경계이다〉

탄령(炭嶺)〈읍치로부터 동남쪽으로 180리에 있다. 인제(麟蹄)와의 경계이다〉

마휘령(摩暉嶺)〈혹은 미휘령(未暉嶺)이라고도 한다. 장양(長楊)으로부터 서북쪽 30리에 있다. 읍치로부터의 거리는 110리이다〉

내수점(內水岾)〈혹은 안문령(鴈門嶺)이라고도 한다. 마가연(摩訶衍)의 동쪽에 있으며 고개 위에는 평탄하고 탁 트여 낮에는 금강산(金剛山) 안팎의 모든 봉우리가 다 보인다. 동쪽으로는 유점사(揄岾寺)와의 거리가 20리이다〉

배점(拜岾)〈정양사(正陽寺)의 앞 고개이다〉

소현(所峴)〈읍치로부터 동남쪽으로 170리에 있다〉

이현(梨峴)〈장양(長楊)으로부터 동쪽으로 50리에 있다. 읍치로부터의 거리는 190리이다〉

문등현(文登峴)〈문등고현(文登古縣)에 있다. 양구(楊口)와의 경계이다〉

○합곶강(合串江)〈읍치로부터 남쪽으로 120리에 있다. 신진강(新津江) 하류이며, 신연강(新淵江) 상류이다〉

신진강(新津江)〈읍치의 서쪽을 빌둘러 남쪽으로 흐른다. ○이상은 수경(水經)조에 자세히 나와 있다〉

금강천(金剛川)〈물의 근원은 만폭동에서 시작되어 서쪽으로 흘러 명연(鳴淵)이 되고, 송평천(松坪川)이 되니 곧 신연강(新淵江)의 근원이다〉

장북천(長北川)〈읍치로부터 동남쪽으로 100리에 있다. 물의 근원은 온정령(溫井嶺)에서 시작되어 서남쪽으로 흘러 금강천(金剛川)과 합쳐진다〉

사천(沙川)〈읍치로부터 동남쪽으로 100리에 있다. 물의 근원은 탄령(炭嶺)에서 시작되어 서쪽으로 흘러 장북천(長北川)으로 들어간다〉

신청천(新晴川)〈읍치로부터 동남쪽으로 70리에 있다. 물의 근원은 미휘령(未暉嶺)에서 시작되어 금성(金城) 통구천(通溝川)의 상류가 된다〉

은계천(銀溪川)〈읍치로부터 북쪽으로 5리에 있다. 물의 근원은 철령(鐵嶺)에서 시작되어 남쪽으로 흘러 오른쪽으로 청하산(靑霞山)을 지나 신진강(新津江)으로 들어간다〉

남곡천(嵐谷川)〈읍치로부터 서남쪽으로 30리에 있다. 물의 근원은 쌍령(雙嶺)에서 시작되어 동쪽으로 흘러 신진강(新津江)으로 들어간다〉

화천(和川)〈화천고현(和川古縣)의 동쪽에 있으니 곧 신진강(新津江)의 근원이다〉

사동천(四東川)〈읍치로부터 남쪽으로 50리에 있다. 물의 근원은 상방령(上方嶺)에서 시작되어 서쪽으로 흘러 금성현(金城縣)의 맥판진(麥阪津)의 하류로 유입된다〉

연송포(連松浦)〈읍치로부터 남쪽으로 52리에 있다. 곧 송포진(松浦津)인데, 부르기를 맥판강(麥阪江)이라 한다〉

【신안천(新安川)〈읍치로부터 남쪽으로 35리에 있다〉】

『방면』(方面)

부내면(府內面)〈읍치로부터 1리에서 시작하여 25리에서 끝난다〉

부북면(府北面)〈읍치로부터 2리에서 시작하여 45리에서 끝난다〉

남곡면(嵐谷面)〈읍치로부터 서쪽으로 15리에서 시작하여 95리에서 끝난다〉

이동면(二東面)〈읍치로부터 동쪽으로 25리에서 시작하여 45리에서 끝난다〉

사동면(四東面)〈읍치로부터 동남쪽으로 35리에서 시작하여 80리에서 끝난다〉

장양면(長楊面)〈읍치로부터 동남쪽으로 15리에서 시작하여 160리에서 끝난다〉

수입면(水入面)〈읍치로부터 동남쪽으로 120리에서 시작하여 200리에서 끝난다. ○본래 금성현(金城縣)으로 통구현(通溝縣)과의 남쪽 경계이다〉

초북면(初北面)〈읍치로부터 2리에서 시작하여 45리에서 끝난다〉

【웅림소(熊林所)〈읍치로부터 남쪽으로 50리에 있었다〉】

【북대소(北大所)〈장양(長楊)에 있었다〉】

『성지』(城池)

남산고성(南山古城)〈읍치로부터 남쪽으로 10리에 있다. 성의 둘레가 1,667척이다〉

천보산고성(天寶山古城)〈읍치로부터 남쪽으로 15리에 있다. 성의 둘레가 5,630척이다〉

의관산고성(義館山古城)〈성의 둘레가 1,904척이다〉

장양고현성(長楊古縣城)〈장양고현(長楊古縣)으로부터 동쪽으로 4리에 있다. 성의 둘레가 952척이다〉

남곡고현성(嵐谷古縣城)〈읍치로부터 서남쪽으로 40리에 있다. 남곡고현(嵐谷古縣)의 북쪽에 있다. 성의 둘레가 952척이다〉

화천고현성(和川古縣城)〈화천고현(和川古縣)으로부터 동쪽으로 5리에 있다. 성의 둘레가 1,084척이다〉

금강고성(金剛古城)〈만폭동(萬瀑洞) 송나암(松蘿庵) 아래에 있다. 성은 무너지고 성문의 터는 남아있다. 산을 금강(金剛)이라 이름한 것은 성(城)의 이름 때문이다〉

철령관(鐵嶺關)〈고려 고종 9년(1222)에 철령(鐵嶺)에 성을 쌓고, 관문(關門)을 설치하였다. 좌우로 산등성이를 따라 축성하니 (우리나라) 동북쪽의 확실한 관문이 되었다. 관문의 옛터가 남아있다. ○조선 광해군 11년(1619)에 하천이 깊으면 전쟁에서 패한다는 것을 우려하여 북우(北虞: 산림(山林)과 소택(沼澤)을 맡아보던 관리/역자주)를 두고 고개 위에 관문을 두는 역사를 시작하였으나 곧 중지하였다. ○철령(鐵嶺)은 신라·백제 때부터 북쪽 국경의 길목이라 말갈(靺鞨)의 침입은 모두 이로부터 시작되었다. 고려 때 비록 관성을 설치하였으나 누차에 걸쳐 거란(契丹)과 여진(女眞)과의 전쟁을 겪어 동북쪽이 거의 편할 날이 없었다. 조선조에 이르러 왕의 덕화가 멀리까지 미쳐 강역이 크게 확장되었다. 그러나 때로 급한 적의 침입을 받아 마천령·후치령·황초령 등을 경유하여 쳐들어오면 함흥(咸興)이 그 예봉을 막아내야 하는데, 함흥이 지켜지지 않으면 하루아침에 돛자리를 말 듯이 곧바로 적들이 고개아래까지 이르게 되니 만약 철령(鐵嶺)을 지키지 못하면 검각(劍閣: 중국 장안(長安)에서 촉(蜀)땅으로 가는 길목/역자주)을 내어주는 꼴이니 마땅이 이 옛터에 관문을 설치해야 될 것이다. 또한 산등성이를 따라 동쪽으로 가면 동해바다에 이르고, 서쪽으로 가면 삼방(三防)이 되는데 이곳에 나무를 심어 잘 길러 숲을 이루면 남북이 막혀 적의 침입하는 형세를 끊게되니 적이 감히 쳐들어오지 못할 것이다〉

○고려 태조 18년(935)에 이물성(伊勿城)을 쌓았다. 고려 문종 2년(1048)에 동북로 감창

사(東北路監倉使: 고려시대 동북면과 서북면의 양계(兩界) 지방에 설치했던 창고를 감찰한 관직/역자주)가 교주방어판관(交州防禦判官: 고려시대의 지방 관직으로 품계는 5품 또는 6품관/역자주) 이유백(李惟伯)이 성지(城池)를 잘 다스리고 기기(器機)를 잘 수리하는 것이 여러 군(郡) 가운데 제일이라고 아뢰었다.

『봉수』(烽燧)

쌍령봉수(雙嶺烽燧)〈영로(嶺路)조에 보인다〉

병풍산봉수(屏風山烽燧)〈읍치로부터 서남쪽으로 50리에 있다〉

성북봉수(城北烽燧)〈남곡고성(嵐谷古城)에 있다〉

소산봉수(所山烽燧)〈읍치로부터 서쪽으로 20리에 있다〉

봉도지봉수(峰道只烽燧)〈읍치로부터 서북쪽으로 20리에 있다〉

철령봉수(鐵嶺烽燧)〈영로(嶺路)조에 보인다〉

『창고』(倉庫)

장양창(長楊倉)·남곡창(嵐谷倉)·화천창(和川倉)·문등창(文登倉)〈모두 그 옛 현[고현(古縣)]에 있다〉

신안창(新安倉)〈신안역(新安驛) 곁에 있다〉

신읍창(新邑倉)〈읍치로부터 동쪽으로 60리에 있다〉

수입창(水入倉)·사동창(四東倉)〈모두 각각의 면(面)에 있다〉

『역참』(驛站)

은계도(銀溪道)〈읍치로부터 서쪽으로 5리에 있다. 찰방(察訪)은 금화(金化) 생창역(生昌驛)으로 옮겨갔다〉

신안역(新安驛)〈읍치로부터 남쪽으로 30리에 있다. 은계도(銀溪道)에 속해있다〉

「혁폐」(革廢)

송간역(松間驛)·단림역(丹林驛)〈위 2역은 남곡(嵐谷)과 이어진다〉

통언역(通堰驛)〈교주(交州)와 이어진다. 보발(步撥)을 두었다〉

신안참(新安站)·관문참(官門站)

『진도』(津渡)

서강진(西江津)〈옛이름은 덕진(德津)이다. 읍치로부터 서쪽으로 1리에 있다〉

연송포진(連松浦津)〈곧 맥판(麥阪)이다. 겨울에는 가교(假橋)를 설치한다. 금성(金城)과의 경계이다〉

『토산』(土産)

철(鐵)·납[아연(亞鉛)]·자석(磁石)·칠(漆)·삼[마(麻)]·궁간상(弓幹桑)·잣[해송자(海松子)]·오미자(五味子)·지치[자초(紫草)]·인삼(人蔘)·복령(茯苓)·송이버섯[송심(松蕈)]·석이버섯[석심(石蕈)]·영양(羚羊)·산무애뱀[백화사(白花蛇)]·벌꿀[봉밀(蜂蜜)]·누치[눌어(訥魚)]·열목어[여항어(餘項魚)]·쏘가리[금린어(錦鱗魚)] 등이다.

○황장봉산(黃腸封山)〈1곳이다〉

『누정』(樓亭)

읍한정(挹漢亭)〈읍치로부터 남쪽에 있다〉

칠송정(七松亭)〈읍치로부터 남쪽으로 5리에 있는 강의 북쪽연안에 있다〉

『단유』(壇壝)

의관산단(義館山壇)〈고성(古城) 안에 있다. 고려 때 명산(名山)이기 때문에 소사(小祀)를 지낸 곳인데 조선시대에도 이를 따랐다〉

덕진명소단(德津溟所壇)〈덕진(德津) 언덕 동쪽 봉우리에 있다. 고려 때 큰 강[대천(大川)]이기 때문에 소사를 지낸 곳인데 조선시대에도 이를 따랐다〉

『전고』(典故)

신라 문무왕 13년(673)에 거란(契丹)·말갈(靺鞨)의 군사가 대양성(大楊城)〈장양(長楊)〉과 동자성(童子城)〈위치를 알 수 없다〉을 공격해 무너뜨렸다. 동왕 15년(675)에 말갈이 또 적목성(赤木城)〈남곡(嵐谷)〉을 포위하여 무너뜨렸다. 현령(縣令) 탈기(脫起)가 백성을 이끌고 막았으나 힘이 다하여 모두 죽었다.

○고려 고종 4년(1217) 교주방어병마사(交州防禦兵馬使) 오수기(吳壽祺)가 거란병을 맞

아 싸웠으나 패전하였다. 동왕 46년(1259)에 동진(東眞)의 병사가 금강성(金剛城)을 침략하니 별초(別抄) 3,000명을 보내 구원하였다. 충렬왕 17년(1291) 합단적(哈丹賊)이 철령(鐵嶺)을 넘어오니 방수만호(防守萬戶) 정수기(鄭守琪)가 달아났다. 철령은 길이 좁아 겨우 한사람만 다닐 수 있어 합단적이 말에서 내려 생선꾸러미 꿰듯이 걸어 진격하여 교주도(交州道)로 들어왔다. 뒤에 도착한 합단적 3천의 기병이 철령을 넘어 교주도에 주둔해 수비하니 나유(羅裕: ?~1292)를 보내 거란적을 퇴패시켰다.〈이곡(李穀, 1298~1351)의 기(記)에 이르기를 "지원(至元: 원 세조 연호(1264~1294)/역자주) 경인년(1290)에 반왕(叛王) 내안(乃顔)의 무리인 합단(哈丹) 등이 북쪽으로부터 도망와 동쪽으로 나와 개원(開元)의 여러 고을을 난입한 뒤 관동(關東: 우리나라/역자주)으로 들어오니 국가에서 만호(萬戶) 나유 등에게 그 군사를 거느리고 가서 철령관(鐵嶺關)을 막아 지키게 하였다. (그러나) 합단적이 화주(和州)·등주(登州)의 서쪽 여러 고을 인민을 노략질하고 등주에 이르러 등주 사람으로 하여금 정탐을 하게 하니 나유 등이 적이 왔다는 소문을 듣고 관(關)을 버리고 달아났다. 그런 까닭에 합단적은 무인지경(無人之境)을 가듯이 쳐내려왔다"고 기록하였다〉공민왕 23년(1374) 및 우왕 8년(1382)과 이듬해 9년(1383)에 왜구(倭寇)가 회양에 침입하였다.

　○조선 선조 26년(1593) 왜가 회양을 함락하였다.

5. 이천도호부(伊川都護府)

『연혁』(沿革)

　본래 백제(고구려가 맞음/역자주) 이진매현(伊珍買縣)이다. 신라 경덕왕 16년(757)에 이천(伊川)으로 고쳐 토산군(兎山郡)의 영현(領縣)으로 삼았다. 고려 현종 9년(1018) 동주(東州)에 예속시켰다가 후에 감무(監務: 군현에 파견된 지방관/역자주)를 두었다.〈공양왕 3년(1391) 경기우도(京畿右道)에 속하였다〉 조선 태종 13년(1413) 현감(縣監)으로 고치고,〈강원도(江原道)에 예속시켰다〉광해군 무신년(1610)에 도호부(都護府)로 승격시켰다.〈선조 임진(25년, 1592) 5월 세자(후에 광해군)가 종묘와 사직을 받들고 이천에 왔다〉인조 원년(1623) 현으로 강등하고 숙종 13년(1687) 다시 도호부로 승격하였다.

「읍호」(邑號)

화산(花山)

「관원」(官員)

도호부사(都護府使) 1명을 두었다.

『산수』(山水)

회미산(檜彌山)〈읍치로부터 북쪽으로 10리에 있다〉

두니산(豆尼山)〈읍치로부터 북쪽으로 30리에 있다〉

저목산(楮木山)〈읍치로부터 서쪽으로 5리에 있다〉

녹수산(綠水山)〈읍치로부터 북쪽으로 25리에 있다〉

달마산(達摩山)〈읍치로부터 동쪽으로 15리에 있다〉

옥곡산(玉谷山)〈읍치로부터 동쪽으로 37리에 있다〉

개연산(開蓮山)〈읍치로부터 북쪽으로 70리에 있다〉

소이산(所伊山)〈읍치로부터 남쪽으로 10리에 있다〉

백학산(白鶴山)〈읍치로부터 동북쪽으로 200리에 있다〉

갈산(葛山)〈읍치로부터 동북쪽으로 120리에 있다〉

운달산(雲達山)〈읍치로부터 서쪽으로 80리에 있다〉」

양음산(陽陰山)〈읍치로부터 동복쪽으로 70리에 있다. 평강(平康)과의 경계이다〉

자지산(紫芝山)〈읍치로부터 북쪽으로 200리에 있다〉

응산(鷹山)〈읍치로부터 동북쪽으로 25리에 있다〉

광복산(廣福山)〈읍치로부터 동북쪽으로 60리에 있다. 높고 험하며 또 암석이 성처럼 쌓여 있다. 둘레가 15리이며 안에는 주민이 살고 있다. ○광복동(廣福洞)·안변(安邊)·영풍(永豊)의 물이 이곳까지 이른다. 물이 맑고 깊으며 환요(環繞)함으로 가히 배를 띄울 만하다. 땅은 모두 흰돌과 맑은 모래로 깔려있는데 자못 텅비고 넓다. 한 읍이 있어 작은 논에 이 골짜기의 물을 끌어다가 관개(灌漑)를 하는데 토지가 매우 비옥하다. 동북쪽으로는 고미탄면(古未呑面)이 깊고 험한데, 처음 입구를 일컬어 외산(外山)이라 하고, 그 깊은 곳은 내산(內山)이라고 한다.

「영로」(嶺路)

분지령(分枝嶺)〈읍치로부터 동쪽으로 35리에 있다. 평강(平康)과의 경계이다〉

신파현(薪破峴)〈읍치로부터 서쪽으로 50리에 있다. 신계(新溪)와의 경계이다〉

월운치(月雲峙)〈읍치로부터 남쪽으로 10리에 있다〉

광현(廣峴)〈읍치로부터 북쪽으로 70리에 있다. 곡산(谷山)과의 경계이다〉

박달령(朴達嶺)〈읍치로부터 동북쪽으로 180리에 있다. 방장(防牆)의 동쪽으로 안변(安邊)과 영풍(永豐)과의 경계이다. 길이 좁고 험하며, 안변과 통한다〉

유령(杻嶺)〈읍치로부터 동북쪽으로 120리에 있다. 이상 박달령과 유령은 방장의 동쪽으로 안변과 영풍과의 경계이다. 길이 좁고 험하다〉

부치(負峙)〈읍치로부터 동북쪽으로 170리에 있다. 안변과의 경계이다〉

방장치(防牆峙)〈읍치로부터 동북으로 110리에 있다. 요해처이다〉

○옥곡천(玉谷川)〈물의 근원은 분지령(分枝嶺)에서 시작되어 서쪽으로 흘러 읍의 남쪽을 지나 고성진(古城津)으로 들어간다〉

덕진천(德津川)〈읍치로부터 북쪽으로 30리에 있다. 임진강(臨津江) 상류이다. 자세한 설명은 수경(水經)조에 있다〉

유진천(楡津川)〈읍치로부터 동쪽으로 10리에 있다. 자세한 설명은 평강(平康)조에 있다〉

산외천(山外川)〈읍치로부터 서쪽으로 10리에 있다〉

고미탄천(古未呑川)〈물의 근원은 박달령(朴達嶺)에서 나와 서남쪽으로 흘러 고미탄면(古未呑面)을 경유하여 평강(平康)의 유진(楡津)으로 들어간다〉

갈산온천(葛山溫泉)〈읍치로부터 북쪽으로 100리에 있다. 세종 7년(1425)에 명하여 행궁(行宮: 임금이 거둥할 때 임시 머무는 궁궐/역자주)을 짓고, 이곳에 행차하였다〉

구리항온천(仇里項溫泉)〈읍지로부터 동북쪽으로 80리에 있다〉

「도서」(島嶼)

사도(蛇島)〈덕진(德津)과 유진(楡津)이 만나는 곳에 있다. 강 가운데에 있다〉

『방면』(坊面)

동읍면(東邑面)〈읍치로부터 1리에서 시작하여 37리에서 끝난다〉

와방면(瓦方面)〈읍치로부터 동쪽으로 15리에서 시작하여 37리에서 끝난다〉

청포면(廳浦面)〈읍치로부터 동북으로 30리에서 시작하여 70리에서 끝난다〉

판교면(板橋面)〈읍치로부터 북쪽으로 20리에서 시작하여 70리에서 끝난다〉

방장면(防牆面)〈읍치로부터 동북쪽으로 70리에서 시작하여 110리에서 끝난다〉

고미탄면(古未呑面)〈읍치로부터 동북쪽으로 120리에서 시작하여 200리에서 끝난다. 위의 방장면과 고미탄면은 평강(平康)과 안변(安邊)과의 경계로 들어가 있다〉

산내면(山內面)〈읍치로부터 북쪽으로 15리에서 시작하여 50리에서 끝난다〉

산외면(山外面)〈읍치로부터 북쪽으로 30리에서 시작하여 70리에서 끝난다〉

천하면(遷下面)〈읍치로부터 서쪽으로 5리에서 시작하여 15리에서 끝난다〉

초위면(草位面)〈읍치로부터 서남쪽으로 15리에서 시작하여 40리에서 끝난다〉

하읍면(下邑面)〈읍치로부터 남쪽으로 1리에서 시작하여 10리에서 끝난다〉

『성지』(城池)

고성(古城)〈읍치로부터 북쪽으로 2리에 있다. 성산(城山)이라 칭하며, 성의 둘레가 740척이다〉

고성(古城)〈읍치로부터 북쪽으로 9리에 있다. 고성산(古城山)이라 칭하며, 성의 둘레가 360척이다〉

방장(防墻)〈읍치로부터 북쪽으로 110리에 있다. 주음동(周音洞)의 길이 매우 좁고, 물 흐름이 빠르다. 동쪽으로는 큰 산을 누르고 있고, 서쪽으로는 큰 강을 임하고 있다. 문천(文川)·양덕(陽德)·안변(安邊)의 요충이다. 백제 때 말갈(靺鞨)이 쳐들어온 요충지로서 가히 방수처(防守處)가 된다〉

동성(東城)〈읍치로부터 동쪽으로 20리에 있다. 성의 둘레는 817척이다〉

『창고』(倉庫)

전창(前倉)〈읍치로부터 동쪽으로 20리에 있다〉

북창(北倉)〈읍치로부터 북쪽으로 70리에 있다〉

강창(江倉)〈읍치로부터 서쪽으로 10리에 있다〉

『역참』(驛站)

건천역(乾川驛)〈읍치로부터 남쪽으로 10리에 있다. 은계도(銀溪道)에 속해있다〉

『진도』(津渡)

고성진(古城津)〈옛 성[고성(古城)] 아래에 있다. ○사진(私津)이 2곳 있다〉

『토산』(土産)

삼[마(麻)]·칠(漆)·잣[해송자(海松子)]·오미자(五味子)·인삼(人蔘)·복령(茯笭)·송이버섯[송심(松蕈)]·석이버섯[석심(石蕈)]·벌꿀[봉밀(蜂蜜)]·산무애뱀[백화사(白花蛇)]·영양(羚羊)·청석(青石)·지치[자초(紫草)]·누치[눌어(訥魚)]·열목어[여항어(餘項魚)]·쏘가리[금린어(錦鱗魚)]·붕어[즉어(鯽魚)] 등이다.

○황장봉산(黃腸封山)〈읍치로부터 동북쪽으로 60리에 있다〉

『장시』(場市)

읍내(邑內)의 장날은 1일과 6일이고 문암(門岩)의 장날은 2일과 7일이다. 가려주(佳麗州)의 장날은 3일과 8일이며 지석(支石)의 장날은 4일과 9일이다.

『전고』(典故)

고려 고종 45년(1258) 광복산성(廣福山城)으로 피난한 이민(吏民)들이 방호별감(防護別監) 유방재(柳邦才)를 살해하고 몽골군에 투항했다. 충렬왕 16년(1290) 좌군만호(左軍萬戶) 박지량(朴之亮)을 보내 이천현(伊川縣)의 경계에 주둔시켜 합단(哈丹)의 침입에 대비하였다. 〈합단이 동쪽 변경으로 쳐들어오니 여러 장수들을 파견하여 이천(伊川)·쌍성(雙城)·환가(狻猥)·통천(通川)에 주둔시켜 합단의 침입에 대비하였다〉

6. 영월도호부(寧越都護府)

『연혁』(沿革)

본래 신라(고구려가 맞음/역자주) 나생군(奈生郡)이다. 신라 경덕왕 16년(757) 나성(奈城郡)으로 고쳤다.〈명주도독부(溟州都督府)에 예속시켰다. ○속현(屬縣)이 3이니, 자춘(子春)·백오(白烏)·주천(酒泉)이다〉 고려 태조 23년(940)에 영월(寧越)로 고쳤다가 현종 9년(1018)

에 원주군(原州郡)에 예속시켰다.〈고종 46년(1259) 충청도(忠淸道)에 속하였다가 후에 강원도(江原道)에 환원되었다. 충렬왕 16년(1290)에 다시 충청도에 속하였다가 후에 강원도로 환원되었다. 조선 정종 원년(1399)에 다시 이곳으로 예속되었다〉 공민왕 21년(1372) 지군사(知郡事; 지방 행정 구역의 하나인 군(郡)을 맡아 다스리는 장관. 3품 이하의 관원으로 임명/역자주)로 승격되었다.〈이곳 사람으로 관리(환관(宦官)/역자주)가 된 연달마실리원사(延達麻實里院使)가 중국 조정(명나라)에 벼슬함으로써 고려에 공을 세웠기 때문이다〉 조선 세조 때 군수(郡守)로 고치고, 숙종 25년(1699)에 도호부(都護府)로 승격되었다.

「관원」(官員)

도호부사(都護府使) 1명을 두었다.〈토포사를 겸한다.(兼討捕使)〉

『산수』(山水)

발산(鉢山)〈읍치로부터 북쪽으로 5리에 있다〉

석선산(石船山)〈읍치로부터 서쪽으로 35리에 있다〉

태화산(太華山)〈읍치로부터 남쪽으로 16리에 있다. 영춘(永春)과의 경계이다〉

양산(梁山)〈읍치로부터 북쪽으로 20리에 있다〉

정양산(正陽山)〈읍치로부터 동쪽으로 12리에 있다〉

완택산(莞澤山)〈읍치로부터 동쪽으로 20리에 있다. 산 위에 못[택(澤)]이 있다〉

봉래산(蓬萊山)〈읍치로부터 동쪽으로 3리에 있다〉

회계산(會稽山)〈읍치로부터 동남쪽으로 10리에 있다〉

월은산(月隱山)〈읍치로부터 서북쪽으로 20리에 있다〉

분덕산(分德山)〈읍치로부터 동북쪽으로 10리에 있다〉

율치산(栗峙山)〈읍치로부터 동북쪽으로 25리에 있다〉

삼선산(三仙山)〈읍치로부터 동쪽으로 20리에 있다〉

태백산(太白山)〈읍치로부터 동남쪽으로 100리에 있다. 자세한 설명은 안동(安東)조에 있다〉

대룡산(大龍山)〈읍치로부터 서쪽으로 30리에 있다〉

오작산(烏鵲山)〈읍치로부터 서쪽으로 45리에 있다〉

옥순봉(玉筍峰)〈읍치로부터 동쪽으로 30리에 있다. 강에 임해 있다〉

음곡암(陰谷岩)〈읍치로부터 북쪽으로 25리에 있다〉

자연암(紫烟岩)〈읍치로부터 동쪽으로 10리에 있다. 금장강(錦障江) 가운데 있다〉

「영로」(嶺路)

각근치(角斤峙)〈읍치로부터 서쪽으로 40리에 있다〉

고덕치(高德峙)〈읍치로부터 북쪽으로 40리에 있다〉

도현(刀峴)〈읍치로부터 서쪽으로 5리에 있다〉

율치(栗峴)〈읍치로부터 동북쪽으로 30리에 있다〉

분덕치(分德峙)〈읍치로부터 북쪽으로 10리에 있다〉

화절치(花折峙)〈읍치로부터 동쪽으로 10리에 있다. 정선(旌善)과 경계이다〉

석치(石峙)〈읍치로부터 서쪽으로 45리에 있으며 제천(堤川)으로 가는 길이다〉

사살치(沙乤峙)〈읍치로부터 서쪽으로 20리에 있다〉

○금장강(錦障江)〈읍치로부터 남쪽으로 1리에 있다. 평창(平昌) 연촌진(淵村津)의 하류이다. ○자세한 설명은 한강(漢江)조에 있다〉

의풍천(義豐川)〈읍치로부터 남쪽으로 20리에 있다. 때로 와전되어 업평천(業平川)이라고도 한다. 물의 근원은 순흥(順興) 마아령(馬兒嶺) 및 정선(旌善) 화절치(花折峙)에서 시작하여 서쪽으로 흘러 사창(社倉) 앞을 지나 금봉연(金鳳淵) 하류로 들어간다〉

청냉포(淸冷浦)〈읍치로부터 서쪽으로 8리에 있다. 또는 서강(西江)이라고도 한다. 물의 근원은 횡성(橫城) 덕고산(德高山)에서 시작되어 남쪽으로 흘러 소초면(素草面)의 경계를 지나 가인천(加因川)이 된다. 오른쪽으로 구룡산천(九龍山川)을 지나 동쪽으로 흘러 주천고현(酒泉古縣)을 지나 전진(前津)이 된다. 남쪽으로 흘러 신흥천(新興川)을 지나 월은산(月隱山)에 도착하여 사천(沙川)에 노였다가 노현(刀峴)에 이르고, 음곡천(陰谷川)을 지나 남쪽으로 흘러 금장강(錦障江)으로 들어간다〉

금봉연(錦鳳淵)〈읍치로부터 서남쪽으로 4리에 있다. 금장(錦障)과 청냉(淸冷)의 두 물이 이곳에서 합류하여 남쪽으로 흘러 영춘(永春) 땅에 이르러 눌어탄(訥魚灘)이 된다〉」

음곡천(陰谷川)〈읍치로부터 북쪽으로 24리에 있다. 물의 근원은 음곡 암혈(陰谷岩穴)에서 나오며 남쪽으로 흘러 서강(西江)으로 들어간다〉

어라사연(於羅寺淵)〈읍치 동쪽의 거산리(巨山里)에 있다〉

북포(北浦)〈읍치로부터 서북쪽으로 15리에 있다. 청냉포(淸冷浦)와 사천(沙川)이 만나는 곳이다〉

밀적수(蜜積藪)〈읍치로부터 남쪽으로 1리에 있다〉

『방면』(坊面)
부내면(府內面)〈읍치로부터 동쪽으로 15리에 있다〉
하동면(下東面)〈읍치로부터 20리에서 시작하여 60리에서 끝난다〉
상동면(上東面)〈읍치로부터 60리에서 시작하여 120리에서 끝난다〉
천상면(川上面)〈읍치로부터 동북쪽으로 10리에서 시작하여 30리에서 끝난다〉
남면(南面)〈읍치로부터 5리에서 시작하여 25리에서 끝난다〉
서면(西面)〈읍치로부터 10리에서 시작하여 45리에서 끝난다〉
북면(北面)〈읍치로부터 10리에서 시작하여 50리에서 끝난다〉
【매미향(買未鄕)〈읍치로부터 북쪽으로 25리에 있었다〉】
【마이탄향(亇伊呑鄕)〈읍치로부터 서쪽으로 50리에 있었다〉】
【직곡부곡(直谷部曲)〈읍치로부터 동쪽으로 30리에 있었다〉】
【백등소(直等所)〈읍치로부터 서쪽으로 45리에 있었다〉】
【이목소(梨木所)〈읍치로부터 동쪽으로 50리에 있었다〉】
【이달소(耳達所)〈읍치로부터 서쪽으로 40리에 있었다〉】
【성려탄소(省旅呑所)〈읍치로부터 동쪽으로 30리에 있었다〉】
【주문리소(注文里所)〈읍치로부터 동쪽으로 40리에 있었다〉】
【거탄소(居呑所)〈읍치로부터 동쪽으로 30리에 있었다〉】

『성지』(城池)
정양산고성(正陽山古城)〈성의 둘레가 2,314척이다〉
완택산고성(莞澤山古城)〈성의 둘레가 3,477척이다. 3면이 석벽(石壁)이다. ○합단적(哈丹賊)이 침략해 왔을 때 마을 사람들이 이곳으로 피난하였다〉

『창고』(倉庫)
동창(東倉)〈읍치로부터 40리에 있다〉
서창(西倉)〈읍치로부터 25리에 있다〉

사창(社倉)〈읍치로부터 동남쪽으로 30리에 있다〉

『역참』(驛站)

연평역(延平驛)〈읍치로부터 북쪽으로 35리에 있다〉

양연역(楊淵驛)〈읍치로부터 서쪽으로 25리에 있다. 이상은 보안도(保安道)에 속해있다〉

「혁폐」(革廢)

온산역(溫山驛)과 정양역(正陽驛)이 있었다.

『진도』(津渡)

서강진(西江津)〈읍치로부터 서쪽으로 8리에 있다. 옛 이름은 후진(後津)이다〉

금강진(錦江津)〈읍치로부터 남쪽으로 1리에 있다〉

『토산』(土産)

철(鐵)·종유석[석종유(石鐘乳)]·자단(紫檀)·백단(白檀)·기장[황양(黃楊)]·오미자(五味子)·지치[자초(紫草)]·송이버섯[송심(松蕈)]·석이버섯[석심(石蕈)]·잣[해송자(海松子)]·인삼(人蔘)·복령(茯笭)·벌꿀[봉밀(蜂蜜)]·영양(羚羊)·산무애뱀[백화사(白花蛇)]·누치[눌어(訥魚)]·열목어[여항어(餘項魚)]·쏘가리[금린어(錦鱗魚)] 등이다.

○황장봉산(黃腸封山)〈읍치로부터 동북쪽으로 20리에 있다〉

『장시』(場市)

읍내(邑內)의 장날은 5일과 10일이다.

『누정』(樓亭)

금강정(錦江亭)〈강 해안 절벽 위에 있다〉

자규루(子規樓)

『능침』(陵寢)

장릉(莊陵)〈읍치로부터 북쪽으로 5리에 있는 동을지(冬乙之)에 있다. 본래 노산군(魯山君,

1441~1457) 즉, 단종의 묘이다. 중종 12년(1517) 승지(承旨)를 보내 제사를 지내고 묘지기를 두었다. 숙종 24년(1698) 장릉(莊陵)에 봉하였다. 단종공의대왕(端宗恭懿大王)의 릉이며, 기신(제삿날)은 10월 24일이다. ○ 별검(別檢: 조선시대 전설사(典設司)·빙고(氷庫)·사포서(司圃署)에 소속된 8품 관직)과 참봉(參奉: 조선시대 각 관아 배치된 종9품 관직)을 각 1명씩 두었다〉

『전고』(典故)

고려 우왕 8년(1382) 왜구(倭寇)가 영월(寧越)에 침입해 오니 양수척(揚水尺: 고려시대 천민의 하나. 유랑민의 성격이 강함/역자주)〈세상에서 백정(白丁)이라 칭한다〉이 무리를 지어 거짓으로 왜구(假倭)라 칭하고 영월에 쳐들어와서 공해(公廨: 관청)와 민호(民戶)를 분탕질하니 임성미(林成味, ?~1383) 등을 파견하여 체포하게 하였다. 남녀 50여명을 체포하고 200여필의 말을 노획하였다. 동왕 9년(1383)에 왜구가 영월에 또 쳐들어왔다.

7. 정선군(旌善郡)

『연혁』(沿革)

본래 신라(고구려가 맞음/역자주)의 잉매현(仍買縣)이다. 신라 경덕왕 16년(757)에 정선(旌善)으로 고쳐 명주도(溟州道)의 영현(領縣)으로 삼았다. 고려 현종 9년(1018)에도 계속 명주에 속해 있다가 후에 군으로 승격시켰다.〈지군사(知郡事)〉 조선 세조 때 군수(郡守)로 고쳤다.

「읍호」(邑號)

도원(桃源)〈주진(朱陳)·삼봉(三鳳)·침봉(沉鳳)이다〉

「관원」(官員)

군수(郡守) 1명을 두었다.

『산수』(山水)

비봉산(飛鳳山)〈읍치로부터 북쪽으로 1리에 있다. 서쪽으로는 비룡동(飛龍洞)이 있다. ○ 관음사(觀音寺)가 절벽 위에 있는데, 의상대사(義湘大師: 625~702)가 주지로 있었던 곳이다〉

대음산(大陰山)〈혹은 조양산(朝陽山)이라고 한다. 읍치로부터 남쪽으로 2리에 있다〉

웅전산(熊田山)〈읍치로부터 남쪽으로 59리에 있다〉

관음산(觀音山)〈읍치로부터 북쪽으로 10리에 있다〉

정암산(淨岩山)〈읍치로부터 남쪽으로 80리에 있다. 영월(寧越)과의 경계이다〉

괘현산(掛懸山)〈읍치로부터 동북쪽으로 19리에 있다〉

태백산(太白山) 창옥봉(蒼玉峰)〈읍치로부터 동남쪽으로 100리에 있다〉

대박산(大朴山)〈읍치로부터 동남쪽으로 80리에 있다〉

【대박산에 신추(新秋)라는 못이 있다】

울둔산(鬱屯山)〈읍치로부터 동쪽으로 50리에 있다. 이상 3산은 삼척(三陟)과의 경계이다〉

가리산(加里山)〈읍치로부터 서북쪽으로 40리에 있다〉

전옥산(典玉山)〈읍치로부터 북쪽으로 40리에 있다. 이상 2산은 강릉(江陵)과의 경계이다〉

서운산(瑞雲山)〈읍치로부터 남쪽으로 15리에 있다〉

몰운산(沒雲山)〈읍치로부터 동남쪽으로 50리에 있다〉

고부산(高釜山)〈읍치로부터 남쪽으로 10리에 있다. 안동(安東)과 통하나 매우 험하다〉

북평(北坪)〈읍치로부터 북쪽으로 15리에 있다〉

여량동(餘粮洞)〈읍치로부터 동북쪽으로 40리에 있다. 죽현천(竹峴川)이 마을을 안고 흐르는데 양안(兩岸)이 자못 창활하여, 비록 논[수전(水田)]은 없으나 사람들의 삶은 넉넉하다〉

풍혈(風穴)〈대음산(大陰山) 암석 사이에 있다. 그 아래에 얼음을 놓으면 여름이 지나도록 녹지 않는다. 또 물구멍이 있는데 남강(南江) 물이 이곳에 이르러 나뉘어 땅속으로 들어갔다가 모마어촌(毛麻於村)에 이르러 겉으로 드러나 흘러나온다〉

석혈(石穴)〈읍치로부터 남쪽으로 36리에 있다. 향산촌(向山村)이 석벽(石壁) 위에 있는데 평지와의 거리가 200여 보가 된다. 길이 매우 험하고 떨어져 있다. 옛날에 이곳 사람들이 왜구(倭寇)를 피하여 각 읍의 호적과 문서를 이곳에 숨겨놓았기 때문에 병화를 면할 수 있었다〉

「영로」(嶺路)

유현(鍮峴)〈읍치로부터 북쪽으로 50리에 있다〉

벽파령(碧波嶺)〈읍치로부터 서북쪽으로 35리에 있다. 이상은 강릉(江陵)과의 경계이다〉

성마령(星摩嶺)〈읍치로부터 서쪽으로 35리에 있다〉

마전령(麻田嶺)〈읍치로부터 서쪽으로 35리에 있다. 이상은 평창(平昌)과의 경계이다. 위

의 4고개는 모두 높고 험하다〉

화절치(花折峙)〈읍치로부터 남쪽으로 80리에 있다. 영월(寧越)과의 경계이다〉

문두치(門杜峙)〈읍치로부터 남쪽으로 25리에 있다〉

반점치(半點峙)〈읍치로부터 동쪽으로 35리에 있다〉

소야치(所也峙)〈읍치로부터 남쪽으로 10리에 있다〉

화천(花遷)〈세천(細川) 북쪽에 있는데, 강릉(江陵)과 통하나 길이 매우 험하다〉

관음천(觀音遷)〈관음사(觀音寺)에 있다. 강을 끼고 있는 돌이 험하기가 개 이빨 같이 뾰족하다. 돌을 쌓아 겨우 길을 만들어 가까스로 사람과 말이 다닐 수 있다〉

야연동(夜連洞)〈읍치로부터 북쪽으로 40리에 있다. 강릉(江陵)과 통하는 큰 길이다〉

○세천(細川)〈읍치로부터 북쪽으로 20리에 있다. 물의 근원은 오대산(五臺山) 우통수(于筒水)에서 시작되어 남쪽으로 흐른다〉

광탄(廣灘)〈읍치로부터 북쪽으로 30리에 있다. 세천(細川)의 하류이다〉

조양강(朝陽江)〈혹은 동강(桐江)이라고도 한다. 읍치로부터 남쪽으로 20리에 있다. 광탄(廣灘)의 하류이다〉

벽탄(碧灘)〈읍치로부터 서쪽으로 15리에 있다. 동강(桐江)의 하류이다〉

용암연(龍岩淵)〈읍치로부터 서쪽으로 16리에 있다. 벽탄(碧灘)의 하류이다〉

하이강(下爾江)〈읍치의 서쪽으로 30리에 있다. 용암연(龍岩淵)의 하류이다〉

정암천(淨岩川)〈읍치로부터 동남쪽으로 20리에 있다. 물의 근원은 대박산(大朴山)의 신추(神湫) 및 화절치(花折峙)에서 시작하여 북쪽으로 흘러 더러는 땅속으로 숨어들거나 더러는 흐른다. 상류에는 사음대(舍音臺)가 있다〉

백양담(白兩潭)〈읍치로부터 동남쪽으로 15리에 있다. 정암천(淨岩川)의 하류이다〉

고천(蠱川)〈읍치로부터 동남쪽으로 5리에 있다. 백양담(白兩潭)의 하류이다〉

죽현천(竹峴川)〈읍치로부터 동쪽으로 50리에 있다. 물의 근원은 창옥봉(蒼玉峰)에서 시작되어 북쪽으로 흘러 토산(兎山)에 이르러 백복령(白福嶺)을 지나 대박산(大朴山)에 이르다가 여량역(餘粮驛)에 이르러 소래동천(素來洞川)을 지나 서쪽으로 흘러 성석촌(省石村)에 이르러 세천(細川)으로 들어간다〉

소래동천(素來洞川)〈읍치로부터 동북쪽으로 60리에 있다. 물의 근원은 강릉 우계고성(江陵羽溪古城)에서 시작되어 서쪽으로 흘러 죽현천(竹峴川)으로 들어간다〉

『방면』(坊面)

군내면(郡內面)〈읍치로부터 15리에서 끝난다〉

북면(北面)〈읍치로부터 15리에서 시작하여 40리에서 끝난다〉

서면(西面)〈읍치로부터 15리에서 시작하여 30리에서 끝난다〉

남면(南面)〈읍치로부터 20리에서 시작하여 40리에서 끝난다〉

동면(東面)〈읍치로부터 10리에서 시작하여 100리에서 끝난다〉

별어곡부곡(別於谷部曲)〈읍치로부터 남쪽으로 40리에 있었다〉

입탄소(立呑所)〈읍치로부터 남쪽으로 20리에 있었다〉

개야항소(皆也項所)〈읍치로부터 동남쪽으로 60리에 있었다〉

북평소(北坪所)〈읍치로부터 북쪽으로 15리에 있었다〉

『성지』(城池)

고성(古城)〈읍치로부터 동쪽으로 5리에 있다. 성의 둘레가 782척이다〉

『창고』(倉庫)

동창(東倉)〈읍치로부터 동남쪽으로 30리에 있다〉

남창(南倉)〈읍치로부터 서남쪽으로 30리에 있다〉

『역참』(驛站)

호선역(好善驛)〈읍치로부터 동쪽으로 1리에 있다〉

여량역(餘粮驛)〈읍치로부터 동북쪽으로 42리에 있다〉

벽탄역(碧灘驛)〈읍치로부터 서쪽으로 15리에 있다. 이상은 보안도(保安道)에 속해있다〉

『진도』(津渡)

여량진(餘粮津)〈여량역(餘粮驛)의 서쪽에 있다〉

광탄진(廣灘津)〈읍치로부터 북쪽으로 13리에 있다. 혹은 북진(北津)이라고도 한다〉

동강진(桐江津)〈읍치로부터 남쪽으로 2리에 있다〉

『토산』(土産)

철(鐵)·청석(靑石)·종유석[석종유(石鍾乳)]·칠(漆)·금(金)·잣[해송자(海松子)]·오미자(五味子)·자단(紫檀)·기장[황양(黃楊)]·활 만드는데 쓰는 뽕나무[애끼찌라고 부른다: 궁간상(弓幹桑)]·지치[자초(紫草)]·송이버섯[송심(松蕈)]·석이버섯[석심(石蕈)]·인삼(人蔘)·복령(茯苓)·벌꿀[봉밀(蜂蜜)]·산무애뱀[백화사(白花蛇)]·누치[눌어(訥魚)]·열목어[여항어(餘項魚)]·쏘가리[금린어(錦鱗魚)]·삼[마(麻)] 등이다.

○황장봉산(黃腸封山)〈읍치로부터 동쪽으로 30리에 있다〉

『장시』(場市)

읍내(邑內)의 장날은 4일과 9일이고 동면(東面)의 장날은 1일과 6일이다. 남면(南面)의 장날은 2일과 7일이다.

○고려 현종 13년(1022)에 명주(溟州)에서 아뢰기를 정선현(旌善縣)에 은광(銀鑛)이 있다고 하였다.

『누정』(樓亭)

봉서루(鳳棲樓)〈읍내에 있다〉

의봉정(倚鳳亭)〈풍혈(風穴) 곁에 있다〉

풍암정(楓岩亭)〈읍치로부터 동쪽으로 5리에 있다〉

영귀정(詠歸亭)〈읍치로부터 서쪽에 있다〉

『전고』(典故)

고려 우왕 9년(1383)에 왜구 1,300여명이 침입해와 춘양(春陽)·영월(寧越)·정선(旌善)을 노략하였다. ○조선 중종 원년(1506)에 쫓겨난 연산군의 세자(燕山君世子)가 이곳에 와서 지냈다.

8. 평창군(平昌郡)

『연혁』(沿革)

본래 신라(고구려가 맞음/역자주)의 울오현(鬱烏縣)이다.〈혹은 욱오(郁烏), 우오(于烏)라고도 한다〉신라 경덕왕 16년(757)에 백오(白烏)로 고쳐 내성군(奈城郡)의 영현(領縣)으로 삼았다. 고려 태조 23년(940)에 평창(平昌)으로 고쳤다가 현종 9년(1018) 원주(原州)에 속하게 하였다.〈고려 고종 46년(1259)에 충청도(忠淸道)로부터 래속(來屬)시켰다가 후에 충청도에 되돌렸으며, 충렬왕 16년(1290)에 다시 복속시켰다가 후에 충청도로 환원시켰다가 우왕 14년(1388)에 다시 이곳에 래속시켰다〉충렬왕 25년(1299)에 현령(縣令)을 두고 우왕 13년(1387)에 지군사(知郡事)로 승격시켰다.〈국왕이 총애하는 신하 이신(李信)의 고향이기 때문이다〉후에 현령으로 환원되었다. 조선 태조 원년(1392)에 효공왕후(孝恭王后)〈목조(穆祖): 이름은 이안사(李安社)의 비(妃)〉이씨(李氏)의 고향이라 하여 군(郡)으로 다시 승격되었다.

「읍호」(邑號)

노산(魯山)

「관원」(官員)

군수(郡守) 1명을 두었다.

『산수』(山水)

노산(魯山)〈읍치로부터 북쪽으로 1리에 있다〉

수정산(水精山)〈읍치로부터 서쪽으로 20리에 있다〉

거슬갑산(居瑟岬山)〈읍치로부터 서남쪽으로 25리에 있다. 원주(原州)의 주천(酒泉)과의 경계이다〉

두만산(斗滿山)〈읍치로부터 북쪽으로 17리에 있다〉

삼청산(三淸山)〈읍치로부터 남쪽으로 40리에 있다〉

「영로」(嶺路)

성마령(星摩嶺)〈읍치로부터 동쪽으로 44리에 있다. 정선(旌善)과의 경계이다〉

미탄령(味呑嶺)〈읍치로부터 동쪽으로 17리에 있다〉

고덕치(高德峙)〈읍치로부터 남쪽으로 30리에 있다. 영월(寧越)과 통하는 고개이다〉

이현(梨峴)〈읍치로부터 동쪽으로 15리에 있다. 길이 험하다. 강릉(江陵)과 통하는 고개이다〉

○연촌강(淵村江)〈읍치로부터 동남쪽으로 50리에 있다. 정선(旌善) 용암연(龍岩淵)의 하류이다〉

사천(沙川)〈읍치로부터 북쪽으로 9리에 있다. 물의 근원은 강릉(江陵) 연방산(燕方山)의 모노현(毛老峴)과 독현(禿峴)에서 시작되어 방임(芳林)에서 합류하여 동남쪽으로 흘러 용연(龍淵)이 되고, 평창(平昌)을 돌아 흘러 남진(南津)이 되며 서쪽으로 흘러서는 마지진(麻池津)이 된다. 거슬갑산(居瑟岬山)을 빙돌아 남쪽으로 월은산(月隱山)에 이르러 청냉포(清冷浦)로 들어간다〉

평안천(平安川)〈읍치로부터 동쪽으로 30리에 있다. 평안역(平安驛)의 남쪽이다. 물의 근원은 두만산(斗滿山)에서 시작한다. 산기슭 절벽 아래에 구멍이 있는데 마치 창문과 같아 장마 때에는 비가 종종 그곳에서 나와 용출하기도 한다. 또 그 남쪽에 샘(泉)이 있는데 솟아오르고 내뿜어서 마침내 큰 물을 이루어 남쪽으로 흘러 연촌강(淵村江)으로 흘러 들어간다〉

『방면』(坊面)

군내면(郡內面)〈읍치로부터 17리에서 끝난다〉

북면(北面)〈읍치로부터 2리에서 시작하여 17리에서 끝난다〉

남면(南面)〈읍치로부터 7리에서 시작하여 28리에서 끝난다〉

미탄면(味呑面)〈읍치로부터 동남쪽으로 17리에서 시작하여 45리에서 끝난다〉

동면(東面)〈읍치로부터 동남쪽으로 70리에서 시작하여 100리에서 끝난다〉

사서량부곡(沙西良部曲)〈읍치로부터 북쪽으로 10리에 있었다〉

고림소(古林所)〈읍치로부터 동남쪽으로 59리에 있었다〉

답각소(畓各所)〈읍치로부터 동쪽으로 45리에 있었다〉

신림소(新林所)〈읍치로부터 동남쪽으로 62리에 있었다〉

돌항소(乭項所)〈읍치로부터 동남쪽으로 63리에 있었다〉

양탄소(梁呑所)〈읍치로부터 남쪽으로 15리에 있었다〉

내화석소(乃火石所)〈읍치로부터 동남쪽으로 50리에 있었다〉

『성지』(城池)

노산고성(魯山古城)〈성의 둘레가 1,364척이며, 우물[정(井)]이 하나 있다〉

『창고』(倉庫)

동창(東倉)〈읍치로부터 동남쪽으로 70리에 있다〉

『역참』(驛站)

평안역(平安驛)〈읍치로부터 동쪽으로 30리에 있다〉

약수역(藥水驛)〈옛 이름은 낙수역(樂壽驛)이다. 읍치로부터 서쪽으로 10리에 있다. 보안도(保安道)에 속해있다〉

『진도』(津渡)

주진(周津)〈읍치로부터 북쪽으로 10리에 있다〉

용연진(龍淵津)〈읍치로부터 동쪽으로 9리에 있다. 주진(周津) 다음에 있다〉

남진(南津)〈읍치로부터 남쪽으로 1리에 있다. 용연진(龍淵津)의 다음에 있다〉

마지진(麻池津)〈읍치로부터 서쪽으로 17리에 있다. 남진(南津)의 다음에 있다〉

연촌진(淵村津)〈곧 연촌강(淵村江)이다〉

『토산』(土産)

옥석(玉石)·구리[동(銅)]·철(鐵)·사연석(紫硯石)·삼[마(麻)]·칠(漆)·잣[해송자(海松子)]·오미자(五味子)·자단(紫檀)·안식향(安息香)·지치[자초(紫草)]·송이버섯[송심(松蕈)]·석이버섯[석심(石蕈)]·인삼(人蔘)·복령(茯苓)·벌꿀[봉밀(蜂蜜)]·영양(羚羊)·산무애뱀[백화사(白花蛇)]·누치[눌어(訥魚)]·열목어[여항어(餘項魚)]·쏘가리[금린어(錦鱗魚)] 등이다.

○황장봉산(黃腸封山)〈1곳에 있다〉

『장시』(場市)

읍내(邑內)의 장날은 4일과 9일이고 미탄(味呑)의 장날은 3일과 8일이며 동면(東面)의 장날은 4일과 9일이다.

『누정』(樓亭)

【대농루(大農樓)】

『전고』(典故)

고려 우왕 8년(1382) 왜구(倭寇)가 현의 경내에 난입해 오니, 교주강릉도(交州江陵道)의 화척(禾尺: 고려시대 도살업에 종사하던 최하의 신분층. 고려 초에는 양수척(楊水尺)으로 칭함/역자주)〈백정(白丁)이라고도 함〉·재인(才人)〈광대(廣大)라고도 함〉 등이 왜구(倭寇: 역사에서는 이들을 가왜(假倭) 칭함/역자주)라 칭하고 평창(平昌)·원주(原州)·영주(榮州)·순흥(順興)·횡천(橫川) 등 여러 고을을 노략하였다. 이에 원수(元帥) 김입견(金立堅)과 체찰사(體察使: 고려 말·조선시대에 전쟁이 났을 때 군사관계의 임무를 맡고 지방에 파견되는 임시관직. 1품 이하의 관리가 파견되면 도체찰사(都體察使), 종2품의 관리가 파견되면 순찰사(巡察使), 3품의 관리가 파견되면 찰리사(察理使)라고 한다/역자주) 최공철(崔公哲, ?~1390)이 이들을 잡아 50여 명의 목을 베었다.

9. 금성현(金城縣))

『연혁』(沿革)

본래 야차홀(也次忽)이다.〈모성산성(母城山城)이라고도 한다〉 신라 경덕왕 16년(757)에 익성군(益城郡)으로 고쳤다. 영현(領縣)으로는 단송(丹松)이 있다.〈삭주도독부(朔州都督府)에 속하게 하다〉고려 태조 23년(940)에 금성(金城)으로 고쳤다가 현종 9년(1018) 교주(交州)에 속하게 하였다. 예종 원년(1106) 감무(監務)를 두고 후에 현령(縣令)으로 승격시켰다. 고종 41년(1254)에 다시 감무로 삼고 동왕 44년(1257)에 도녕(道寧)이라 불렀다. 조선조에 와서 다시 금성현령(金城縣令)이 되었다.

「읍호」(邑號)

금양(金壤)

「관원」(官員)

현령 1명을 두었다.

『고읍』(古邑)

기성(岐城古縣)〈읍치로부터 북쪽으로 48리에 있다. 본래 신라 동사홀(冬斯忽)이다. 경덕왕 16년(757)에 기성군(岐城郡)으로 고쳐 삭주도독부(朔州都督府)에 속하게 하였다가 고려 현종 9년(1018)에 현으로 강등해 금성에 내속하였다〉

통구(通溝古縣)〈통구(通口)라고도 한다. 읍치로부터 동북으로 60리에 있다. 본래 신라의 매이현(買伊縣)이었다. 혹은 수입현(水入縣)이라고도 하였다. 신라 경덕왕 16년(757)에 통구(通溝)로 고쳐 기성군(岐城郡)의 영현(領縣)으로 삼았다. 고려 현종 9년(1018)에 교주(交州)에 속하게 하였다가 후에 나누어 그 남쪽은 회양(淮陽)에 속하게 하여 수입면(水入面)이라고 칭하였다〉

『산수』(山水)

경파산(慶坡山)〈읍치로부터 북쪽으로 2리에 있다〉

적산(赤山)〈읍치로부터 남쪽으로 30리에 있다〉

백역산(白亦山)〈읍치로부터 북쪽으로 50리에 있다. 회양(淮陽)과의 경계이다〉

차유산(車踰山)〈읍치로부터 북쪽으로 45리에 있다. 기성(岐城)으로부터 남쪽으로 5리에 있다〉

양수산(良水山)〈혹은 영수산(永水山)이라고도 한다. 읍치로부터 동쪽으로 75리에 있다. 통구(通溝)로부터는 동북쪽으로 10리에 있다〉

운봉산(雲峰山)〈읍치로부터 남쪽으로 25리에 있다〉

비룡산(飛龍山)〈읍치로부터 동쪽으로 20리에 있다〉

귀곡산(鬼谷山)〈통구(通溝)로부터 남쪽으로 10리에 있다〉

수곶산(水串山)〈통구로부터 서쪽으로 10리에 있다〉

남산(南山)〈읍치로부터 남쪽으로 5리에 있다〉

마야지산(馬也之山)〈읍치로부터 서북쪽으로 20리에 있다〉

【굴파산(屈坡山)〈읍치로부터 북쪽으로 20리에 있다〉】

「영로」(嶺路)

단발령(斷髮嶺)〈읍치로부터 동쪽으로 90리에 있다. 회양(淮陽)과의 경계이다〉

주소령(注所嶺)〈읍치로부터 남쪽으로 50리에 있다. 낭천(狼川)과의 경계이다〉

법수현(法水峴)〈읍치로부터 북쪽으로 50리에 있다. 회양(淮陽)과의 경계이다〉

여파령(餘波嶺)〈읍치로부터 서쪽으로 40리에 있다. 금화(金化)와의 경계이며, 또 서쪽으로는 평강(平康)과 통한다〉

직현(直峴)〈읍치로부터 서쪽으로 25리에 있다〉

아현(阿峴)〈읍치로부터 남쪽으로 10리에 있다〉

회현(灰峴)〈읍치로부터 동북쪽으로 40리에 있다〉

○합곶강(合串江)〈읍치로부터 동남쪽으로 40리에 있다. 회양(淮陽)과의 경계이다. 신진(新津)과 신연(新淵)이 만나는 곳이다. 강의 상하를 남강(南江)이라고도 한다〉

남대천(南大川)〈읍치로부터 남쪽으로 2리에 있다. 물원 근원은 법수현(法水峴)에서 시작되어 남쪽으로 흘러 직현(直峴)에 이르러 오른쪽으로 여파(餘波)와 직목(直木)의 물을 지나 현(縣)의 남쪽에 이르러 남천(南川)이 되고 운봉산(雲峰山)을 지나 신연강(新淵江) 전포(錢浦)로 들어간다〉

통구천(通溝川)〈물의 근원은 단발령(斷髮嶺)과 말휘령(末暉嶺)의 2고개에서 시작되어 서쪽으로 흘러 통구현(通溝縣)을 지나 남쪽으로 수곶산(水串山)에 이르러 합곶강(合串江)으로 들어간다〉

맥판(麥阪)〈읍치로부터 동북쪽으로 45리에 있다. 회양(淮陽)의 연송포(連松浦) 남쪽 언덕으로서 곧 기성(岐城)의 북산 건너는 머리가 푸르고 절벽의 수풀은 빼어나다. 물이 맑으나 산세는 비탈지고 험준하다〉

기담(岐潭)〈남천(南川)에 있다〉

『방면』(坊面)

남면(南面)〈읍치로부터 1리에서 시작하여 50리에서 끝난다〉

동면(東面)〈읍치로부터 15리에서 시작하여 40리에서 끝난다〉

서면(西面)〈읍치로부터 10리에서 시작하여 40리에서 끝난다〉

북면(北面)〈읍치로부터 서북쪽으로 10리에서 시작하여 50리에서 끝난다〉

임남면(任南面)〈읍치로부터 동남쪽으로 25리에서 시작하여 50리에서 끝난다〉

기성면(岐城面)〈읍치로부터 북쪽으로 20리에서 시작하여 45리에서 끝난다〉

통구면(通溝面)〈읍치로부터 동쪽으로 50리에서 시작하여 90리로 끝난다〉

소수이소(小水伊所)〈통구(通溝)에 있었다〉

『성지』(城池)

고성(古城)〈읍치로부터 남쪽으로 8리 떨어진 통사동(桶寺洞)에 있다. 곧 옛날의 모산성(母山城)이다. 성의 둘레는 725척이다〉

『창고』(倉庫)

동창(東倉)〈합곶강 변(合串江邊)에 있다〉

통구창(通溝倉)〈통구고현(通溝古縣)에 있다〉

기성창(岐城倉)〈기성고현(岐城古縣)에 있다〉

『역참』(驛站)

직목역(直木驛)〈읍치로부터 서남쪽으로 20리에 있다〉

창도역(昌道驛)〈옛 이름은 웅양역(熊壤驛)이다. 읍치로부터 동북쪽으로 30리에 있다〉

서운역(瑞雲驛)〈읍치로부터 남쪽으로 30리에 있다. 이상 3역은 은계도(銀溪道)에 속해있다〉

「혁폐」(革廢)

이령역(梨嶺驛)〈보발(步撥)을 두었다〉

관문참(官門站)·창도참(昌道站)

『진도』(津渡)

통구진(通溝津)〈혹은 다도진(多渡津)이라고도 한다. 읍치로부터 동쪽으로 55리에 있다〉

남강진(南江津)〈합곶강(合串江)에 있다〉

맥판진(麥阪津)〈즉 회양(淮陽) 송포진(松浦津)이다. 회양의 용연(龍淵)의 하류이다〉

『토산』(土産)

동(銅)·철(鐵)·납[연(鉛)]·금(金)·녹반(綠礬)·유황(硫黃)〈창도(昌道)에서 나온다〉·칠(漆)·인삼(人蔘)·복령(茯苓)·벌꿀[봉밀(蜂蜜)]·잣[해송자(海松子)·오미자(五味子)·산무애뱀[백화사(白花蛇)]·송이버섯[송심(松蕈)]·석이버섯[석심(石蕈)]·누치[눌어(訥魚)]·열목어[여항어(餘項魚)]·쏘가리[금린어(錦鱗魚)]·삼마[마(麻)] 등이다.

○황장봉산(黃腸封山)〈읍치로부터 북쪽으로 35리에 있다〉【봉산(封山)은 4곳에 있다】

『장시』(場市)

읍내(邑內)의 장날은 5일과 10일이고 창도(昌道)의 장날은 4일과 9일이다.

『누정』(樓亭)

경양루(慶陽樓)〈읍내에 있다〉

피금정(披襟亭)〈남대천(南大川)에 있다〉

『전고』(典故)

신라 소지왕(炤智王) 6년(484)에 고구려가 북쪽 변경을 침입해오니 신라와 백제가 연합하여 모산성(母山城) 아래에서 싸워 대파시켰다. ○고려 우왕 8년(1382) 왜구(倭寇)가 통구(通溝)에 쳐들어왔다.

10. 평강현(平康縣)

『연혁』(沿革)

본래 백제의 어사내현(於斯內縣)이었다. 후에 부양(釜壤)으로 고쳤다. 신라 경덕왕 16년(757)에 광평(廣平)으로 고쳐 부평군(富平郡) 영현(領縣)으로 삼았다. 고려 태조 23년(940)에 평강(平康)으로 고쳤다가 현종 9년(1018) 동주(東州)에 속하게 하였다. 명종 2년(1172)에 감무(監務)를 두었으나 후에 금화감무(金化監務)가 겸하였다. 공양왕 원년(1389) 다시 나누어 감무를 두었다. 조선 태종 13년(1413)에 현감(縣監: 조선시대 최하위 지방행정 단위인 현(縣)에 파견된 종6품 지방관. 고려시대 감무의 후신/역자주)으로 고쳤다.

「읍호」(邑號)

평강(平江)

「관원」(官員)

현감(縣監) 1명을 두었다.

『산수』(山水)

중봉산(重峰山)〈읍치로부터 남쪽으로 20리에 있다〉

운마산(雲摩山)〈혹은 장고산(長鼓山)이라고도 한다. 읍치로부터 북쪽으로 14리에 있다〉

미륵산(彌勒山)〈읍치로부터 동남쪽으로 15리에 있다〉

죽림산(竹林山)〈읍치로부터 북쪽으로 39리에 있다〉

희령산(戱靈山)〈읍치로부터 북쪽으로 88리에 있다〉

청룡산(靑龍山)〈읍치로부터 북쪽으로 59리에 있다〉

신성산(新城山)〈읍치로부터 북쪽으로 10리에 있다〉

율지산(栗枝山)〈읍치로부터 서쪽으로 25리에 있다〉

백빙산(白氷山)〈읍치로부터 동북쪽으로 60리에 있다〉

장암산(帳岩山)〈읍치로부터 동북쪽으로 50리에 있다. 이상 2산은 회양(淮陽)과의 경계이다〉

장망산(獐望山)〈읍치로부터 북쪽으로 30리에 있다〉

주빙산(朱氷山)〈읍치로부터 북쪽으로 50리에 있다〉

말웅산(末應山)〈읍치로부터 서쪽으로 45리에 있다. 삭녕(朔寧)과의 경계이다〉

수간산(水干山)〈읍치로부터 동남쪽으로 20리에 있다. 금화(金化)와의 경계이다〉

자하산(紫霞山)〈읍치로부터 북쪽으로 100리에 있다〉

고암산(高巖山)〈읍치로부터 서쪽으로 30리에 있다. 철원(鐵原)과의 경계이다〉

희등산(戱登山)〈읍치로부터 북쪽으로 97리에 있다〉

광복산(廣福山)〈읍치로부터 북쪽으로 150리에 있다〉

기산(箕山)〈읍치로부터 서북쪽으로 60리에 있다〉

양음산(陽陰山)〈읍치로부터 북쪽으로 120리에 있다. 이상 3산은 이천(伊川)과의 경계이다〉

백자산(栢子山)〈읍치로부터 동북쪽으로 35리에 있다〉

범박산(凡朴山)〈읍치로부터 북쪽으로 25리에 있다〉

호암산(虎岩山)〈읍치로부터 서쪽으로 10리에 있다〉

만운산(萬雲山)〈읍치로부터 서쪽으로 60리에 있다. 이천(伊川)과의 경계이다〉

입암산(立岩山)〈읍치로부터 동쪽으로 20리에 있다〉

진촌산(珍村山)〈읍치로부터 동남쪽으로 59리에 있다〉

재송평(栽松坪)〈읍치로부터 남쪽으로 15리에 있다. 철원(鐵原)과의 경계이다〉

분수령(分水嶺)〈읍치로부터 동북쪽으로 55리에 있다. 철령(鐵嶺)과 임진(臨津) 이남의 산과 물 줄기가 이곳에 와서 나뉜다. 안변(安邊)으로 향하는 길이 있다. 산(山: 원전에 물[수(水)]을 산으로 고침/역자주)이 매우 험하며 막혀있다〉

방장령(防牆嶺)〈혹은 설탄령(雪呑嶺)이라고도 한다. 읍치로부터 북쪽으로 90리에 있다. 소로(小路)는 안변을 가리킨다. 산이 매우 험하고 막혀있다. 옛날에 장방(牆防: 담/역자주)을 설치하여 방어를 하였던 유지(遺址)가 아직도 있다〉

분지령(分枝嶺)〈읍치로부터 서쪽으로 60리에 있다〉

천령(天嶺)〈유진면(楡津面)에 있다. 안변(安邊)의 경계와 통한다. 길이 매우 험하고 막혀있다〉

국사령(國師嶺)〈읍치로부터 동북쪽으로 160리에 있다. 안변의 경계와 통한다〉

군유령(軍踰嶺)〈읍치로부터 동북쪽으로 30리에 있다. 회양(淮陽)과의 경계이다〉

상현(霜峴)〈읍치로부터 남쪽으로 15리에 있다. 철원(鐵原)과의 경계이다〉

게현(憩峴)〈읍치로부터 서쪽으로 10리에 있다. 여기서부터 말응산(末應山)까지 38리이다. 궁예(弓裔)가 이곳에서 사냥을 하다 늘 쉬던 고개이므로 그 이름을 갖게 되었다〉

○적암천(赤岩川)〈읍치로부터 서북쪽으로 30리에 있다. 상류에는 주토낭천(朱土郎遷)이 있다. 읍과의 거리는 35리이다. 그 다음에는 가목즉천(椵木卽遷)이 있는데 읍과의 거리가 25리이다. 자세한 설명은 안협(安峽) 정산천(定山川)조에 있다〉

유진천(楡津川)〈읍치로부터 북쪽으로 80리에 있다. 물의 근원은 설탄령(雪呑嶺)에서 시작되어 서쪽으로 흘러 희령(戱靈) 북쪽에 이르러 이천(伊川) 고미탄천(古未呑川)을 지나 서쪽으로 청룡담(靑龍潭)으로 흘러 이천의 덕진천(德津川)의 사도(蛇島)로 들어간다〉

갑천(甲川)〈혹은 둔포천(遯浦川)이라고도 한다. 읍치로부터 서쪽으로 10리에 있다. 물의 근원은 신성산(新城山)에서 시작되어 남쪽으로 흘러 마룡연(馬龍淵)으로 들어간다. ○궁예(弓裔)가 정변이 일어났다는 소식을 듣고 도망가 이곳에 이르러 그 갑옷을 벗고 도망갔기 때문에 그 이름이 생겼다. 궁예는 여기서부터 암곡에 숨어 지냈는데 너무 배가 고파서 보리 싹이 난 것을 보고 베어 먹었기 때문에 부양(斧壤) 사람에게 해를 당했다〉

청룡담(靑龍潭)〈읍치로부터 북쪽으로 80리의 유진천(楡津川)에 있다〉

자연담(紫烟潭)〈읍치로부터 동쪽으로 17리의 정자연(亭子淵) 상류에 있다. 자세한 설명은 양주(楊州) 대탄강(大灘江)조에 있다〉

정자연(亭子淵)〈읍치로부터 남쪽으로 40리 떨어진 큰 들 평강에 있다. 우회하는 물살이 이곳에 이르면 더욱 깊어져 가히 배를 띄울 만하다. 양쪽 해안은 석벽인데 마치 병풍 같다. 미흘천(未訖川)의 상류이다〉

미흘천(未訖川)〈읍치로부터 동쪽으로 45리에 있다. 철원(鐵原) 체천(砌川)의 상류이다〉

광탄천(廣灘川)〈읍치로부터 동북쪽으로 30리에 있다. 물의 근원은 백빙산(白氷山)에서 시작하여 남쪽으로 흘러 자연담(紫烟潭) 상류로 흘러 들어간다〉

성동수(城洞水)〈적암천(赤岩川)의 상류이다〉

『방면』(坊面)

현내면(縣內面)〈읍치로부터 10리에서 시작하여 40리에서 끝난다〉

남면(南面)〈읍치로부터 동남쪽으로 10리에서 시작하여 40리에서 끝난다〉

초서면(初西面)〈읍치로부터 서남쪽으로 10리에서 시작하여 30리에서 끝난다〉

목전면(木田面)〈읍치로부터 북쪽으로 40리에서 시작하여 70리에서 끝난다〉

고삽면(高揷面)〈읍치로부터 북쪽으로 40리에서 시작하여 150리에서 끝난다〉

유진면(楡津面)〈읍치로부터 동북쪽으로 60리에서 시작하여 180리에서 끝난다〉

수일면(水日面)〈읍치로부터 서북쪽의 처음에 있다〉

서면(西面)〈(원전내용 불확실/역자주)〉

신촌소(新村所)〈읍치로부터 북쪽으로 59리에 있었다〉

유림소(楡林所)〈읍치로부터 북쪽으로 90에 있었다〉

사정소(史丁所)〈읍치로부터 북쪽으로 60리에 있었다〉

묵곡소(墨谷所)〈읍치로부터 동북쪽으로 30리에 있었다〉

『성지』(城池)

청룡산고성(靑龍山古城)〈성의 둘레는 1,460척이다. 우물이 하나 있다〉

고성(古城)〈읍치로부터 북쪽으로 1리에 있다. 성황당(城隍堂)이 있다. 성의 둘레는 912척이다. 우물이 하나 있다〉

유진고성(楡津古城)〈읍치로부터 북쪽으로 60리에 있다. 성의 둘레는 1,330척이다. 우물이 하나있다〉

신성(新城)〈읍치로부터 북쪽으로 15리에 있다. 성의 둘레는 1,520척이다〉

고성(姑城)〈읍치로부터 서쪽으로 25리에 있다. 성의 둘레는 1,120척이다. 우물이 하나 있다〉

삼방(三防)〈분수령(分水嶺) 동북쪽에 있다. 안변(安邊)으로부터 서울로 가는 지름길이었는데 옛날에 3곳에 모두 방(防)을 세워 대비하였다. 산이 험하고 물이 깊어 고개의 형세는 칼처럼 날카로워 언덕을 따라 겨우 다닐 수 있었다. 철령(鐵嶺)과 비교해 더욱 중요한 길이라서 성첩(城堞)을 건축한 것이 몇 군데 있으며 관문을 설치하여 지켰으니 아무리 만 명의 장부라 하여도 능히 관문을 뚫을 수가 없었다〉

『봉수』(烽燧)

토빙봉수(吐氷烽燧)〈읍치로부터 남쪽으로 15리에 있다〉

송현봉수(松峴烽燧)〈읍치로부터 동쪽으로 9리에 있다〉

전천봉수(箭川烽燧)〈읍치로부터 동쪽으로 25리에 있다〉

『창고』(倉庫)

북창(北倉)〈읍치로부터 북쪽으로 100리에 있다〉

서창(西倉)〈읍치로부터 서쪽으로 45리에 있다〉

사창(社倉)〈읍치로부터 서북쪽으로 55리에 있다〉

조술창(助述倉)〈읍치로부터 동북쪽으로 100리에 있다. 유진면(楡津面)에 있다〉

『역참』(驛站)

임단역(林丹驛)〈옛날에는 임단역(臨湍驛)이라 불렀다. 읍치로부터 동쪽으로 5리에 있다〉

옥동역(玉洞驛)〈읍치로부터 서쪽으로 40리에 있다. 이상 2역은 은계도(銀溪道)에 속해 있다〉

『진도』(津渡)

장임진(長林津)〈읍치로부터 북쪽으로 60리에 있으며, 곧 유진(楡津)이다. 겨울에는 다리를 놓아 건넜다〉

『토산』(土産)

삼[마(麻)]·칠(漆)·종이[지(紙)]〈설화지(雪花紙)라고 부른다〉·철(鐵)·잣[해송자(海松子)]·오미자(五味子)·인삼(人蔘)·복령(茯笭)·송이버섯[송심(松蕈)]·석이버섯[석심(石蕈)]·벌꿀[봉밀(蜂蜜)]·녹용(鹿茸)·영양(羚羊)·산무애뱀[백화사(白花蛇)]·누치[눌어(訥魚)]·열목어[여항어(餘項魚)] 등이다.

○황장봉산(黃腸封山)〈4곳에 있다〉

『장시』(場市)

읍내(邑內)의 장날은 5일과 10일이다.

『전고』(典故)

백제 온조왕(溫祚王) 43년(25)에는 남옥저(南沃沮)〈영흥(永興)으로부터 안변(安邊)에 이르는 곳까지 강역이었다〉백성 구파해(仇頗解) 등 20여 가(家)가 부양(斧壤)에 이르러 투항해 오니 왕이 이들을 받아들여 한산(漢山) 서쪽에 안착해 살게 하였다. ○신라 경명왕(景明王) 2년(918)에 태봉(泰封)의 여러 장수들이 왕건(王建)을 옹립하여 왕을 삼으니 궁예가 변란을 듣고 놀라 달아나 부양(斧壤)에서 죽었다.〈궁예의 묘가 유진면(楡津面) 끝 경계의 방천(防川) 가에 있는데 돌이 쌓여 큰 무덤을 이루고 있으니 사람들은 궁왕묘(弓王墓)라고 한다〉○고려 우왕 9년(1383) 왜구(倭寇)가 평강(平康)을 함락하니 여러 장수들을 보내 이를 공격케 하였다. ○조선 태종 때 평강에서 무예 훈련을 하였다.

11. 금화현(金化縣)

『연혁』(沿革)

본래 백제의 부약군(夫若郡)이었다.〈혹은 부여(夫如)라고도 한다〉신라 경덕왕 16년(757)에 부평군(富平郡)으로 고쳤다.〈한주도독부(漢州都督府)에 속하였다. 영현(領縣)은 1이니, 광평(廣平)이다〉고려 태조 23년(940)에 금화(金化)로 고쳤다. 현종 9년(1018) 동주(東州)에 속하게 하였다. 인종 21년(1143)에 감무(監務)를 두었다. 조선 태종 13년(1413)에 현감(縣監)으로

고쳤다.【조선 인조 23년(1144)에 낭천(狼川)을 예속시켰다가 효종 4년(1653)에 분리하였다】

「읍호」(邑號)

화산(花山)

「관원」(官員)

현감(縣監) 1명을 두었다.

『산수』(山水)

오신산(五申山)〈읍치로부터 북쪽으로 30리에 있다〉

장지산(將之山)〈읍치로부터 서남쪽으로 27리에 있다〉

삼신산(三申山)〈읍치로부터 서쪽으로 10리에 있다〉

등산(燈山)〈읍치로부터 북쪽으로 10리에 있다〉

적산(赤山)〈읍치로부터 동쪽으로 40리에 있다. 낭천(狼川)과의 경계이다〉

만심산(萬深山)〈읍치로부터 동쪽으로 3리에 있다〉

불정산(佛頂山)〈읍치로부터 동쪽으로 30리에 있다〉

수우산(水于山)〈읍치로부터 북쪽으로 37리에 있다. 평강(平康)과의 경계이다〉

대성산(大成山)〈읍치로부터 동남쪽으로 24리에 있다. 낭천과의 경계이다〉

국장산(局長山)〈읍치로부터 북쪽으로 15리에 있다〉

주필봉(駐驆峰)〈읍치로부터 남쪽으로 5리에 있다〉

단암(丹岩)〈낭천과 금성(金城)과의 경계이다. 읍치로부터 동쪽으로 30리에 있다. 길이 좁고 절벽을 이루고 있으며 그 높이는 천 길이나 되어 나는 새도 올라가기가 어렵다. 돌의 색이 옅은 붉은 색이다〉

「영로」(嶺路)

불정치(佛頂峙)〈곧 불정산(佛頂山)에서 낭천(狼川)으로 가는 길이다. 길이 험하고 막혀있다〉

여파령(餘波嶺)〈읍치로부터 북쪽으로 40리에 있다. 금성(金城)과의 경계이다〉

하현(遐峴)〈읍치로부터 남쪽으로 30리에 있다. 춘천(春川) 사탄면(史呑面)과 통한다〉

중현(中峴)〈혹은 충현(忠峴)이라고도 부른다. 읍치로부터 동쪽으로 30리에 있다. 금성과의 경계이며 길이 험하고 막혀있다〉

아오현(阿吾峴)〈읍치로부터 북쪽으로 4리에 있다〉

마현(馬峴)〈읍치로부터 동쪽으로 29리에 있다. 낭천(狼川)과의 경계이며 길이 험저하다〉

자등현(自燈峴)〈읍치로부터 남쪽으로 35리에 있다. 영평(永平)과의 경계이다〉

애현(艾峴)〈읍치로부터 서북쪽으로 25리에 있다〉

갈현(葛峴)〈세상에서는 가노개(可老介)라고 부른다. 읍치로부터 서남쪽으로 30리에 있다〉

답현(畓峴)〈읍치로부터 동쪽으로 25리에 있다〉

○말흘천(末訖川)〈읍치로부터 서북쪽으로 27리에 있다. 자세한 설명은 양주(楊州) 대탄강(大灘江) 조에 있다〉

남천(南川)〈읍치로부터 남쪽으로 5리에 있다. 물의 근원은 불정산(佛頂山)에서 시작하여 서쪽으로 흘러 초척천(草尺川)을 지나 주필봉(駐驆峰)에 이르러, 중현(中峴)의 방동천(芳洞川)을 지나 읍 남쪽을 경유해 자등현(自燈峴)의 문수천(文殊川)을 거쳐 말흘천(末訖川)의 정자연(亭子淵) 하류로 들어간다〉

방동천(芳洞川)〈읍치로부터 동쪽으로 10리에 있다. 물의 근원은 오신산(五申山)에서 시작되어 중현(中峴)에 이르러 남쪽으로 흘러 남천(南川)으로 들어간다〉

문수천(文殊川)〈읍치로부터 남쪽으로 15리에 있다. 물의 근원은 영평(永平) 백운산(白雲山)에서 시작되어 북쪽으로 흘러 남천(南川)으로 들어간다〉

초척천(草尺川)〈읍치로부터 남쪽으로 10리에 있다. 물의 근원은 대성산(大成山)에서 시작되어 북쪽으로 흘러 남천(南川)으로 들어간다〉

자등천(自燈川)〈물의 근원은 자등현(自燈峴)에서 시작되어 문수천(文殊川)과 합쳐진다〉

두촌계(斗村溪)〈읍치로부터 북쪽으로 35리에 있다. 평강(平康)과의 경계이다. 물의 근원은 여파령(餘波嶺)에서 시작되어 서쪽으로 흘러 정자연(亭子淵)으로 들어간다〉

대포(大浦)〈말흘평(末訖坪)에 있다〉

『방면』(坊面)

현내면(縣內面)〈읍치로부터 5리에서 시작하여 10리에서 끝난다〉

초동면(初東面)〈읍치로부터 동남쪽으로 10리에서 시작하여 25리에서 끝난다〉

이동면(二東面)〈읍치로부터 동북쪽으로 20리에서 시작하여 35리에서 끝난다〉

남면(南面)〈읍치로부터 10리에서 시작하여 40리에서 끝난다〉

서면(西面)〈읍치로부터 10리에서 시작하여 35리에서 끝난다〉

초북면(初北面)〈읍치로부터 서북쪽으로 10리에서 시작하여 35리에서 끝난다〉

원북면(遠北面)〈읍치로부터 서북쪽 20리에서 시작하여 35리에서 끝난다〉

탄항소(炭項所)〈읍치로부터 동쪽으로 20리에 있었다〉

마현소(馬峴所)〈마현(馬峴) 아래에 있었다〉

『성지』(城池)

고성(古城)〈읍치로부터 북쪽으로 4리에 있다. 성산(城山)이라고 칭한다. 성의 둘레는 1,489척이다〉

『역참』(驛站)

생창역(生昌驛)〈옛 이름은 도창역(桃昌驛)이다. 읍치로부터 남쪽으로 4리에 있다. 은계도 찰방(銀溪道察訪)을 이곳으로 옮겨왔다〉

「혁폐」(革廢)

단암역(丹嵒驛)〈단암(丹嵒) 곁에 있다〉

신화역(新化驛)〈옛 이름은 남역(南驛)이다. 읍치로부터 남쪽으로 25리에 있다〉

「보발」(步撥)

관문참(官門站)

『토산』(土産)

철(鐵)·칠(漆)·잣[해송자(海松子)]·오미자(五味子)·인삼(人蔘)·복령(茯苓)·벌꿀[봉밀(蜂蜜)]·송이버섯[송심(松蕈)]·석이버섯[석심(石蕈)]·쏘가리[금린어(錦鱗魚)]·열목어[여항어(餘項魚)]·영양(羚羊)·산무애뱀[백화사(白花蛇)]·녹반(祿礬: 유황을 포함한 광석/역자주)·활석(滑石)·작약(芍藥) 등이다.

『장시』(場市)

읍내(邑內)의 장날은 1일과 6일이다.

『전고』(典故)

고려 우왕 9년(1383) 왜구가 금화(金化)·회양(淮陽)·평강(平康)에 쳐들어오니 서울에 계엄을 내리고 평양(平壤)과 서해도(西海道)에 정병을 징집하여 이를 막게하고 남시좌(南時佐) 등 8장군을 보내 가서 공격하게 하였다. 그러나 금화싸움에서 패하였다. ○조선 선조 25년(1592) 9월 강원감사(江原監司) 유영길(柳永吉, 1538~1601)이 북로왜적(北路倭賊)을 치고, 목사(牧使) 원호(元豪, 1533~1592)가 군사를 이끌고 금화에 들어갔으나 졸지에 대병(大兵)을 만나니 군사를 거두어 산 위로 올라가 하루종일 죽기로 싸워 죽이거나 포로로 잡은 자가 매우 많았다. 그러나 화살이 떨어지고 왜적이 추격해 오니 원호는 천 길이나 되는 절벽에 투신하여 죽었다. 인조 14년(1636) 12월 평안감사(平安監司) 홍명구(洪命耉, 1596~1637)가 병마사(兵馬使) 유림(柳琳, 1581~1643)과 더불어 병사를 거느리고 사잇길을 따라 이천(伊川)에 이르러 적병을 만나 그들을 격파하고, 돌아 금화에 이르렀는데 적병이 크게 이르자 진격해 수백 명의 머리를 베고 옮겨 백전(栢田)에 둔을 치고 있었더니 수 만명의 적의 기병이 엄습해 오니 홍명구가 죽기로 싸웠으나 중군(中軍) 박은생(朴殷生)과 순안현감(順安縣監) 허뢰(許耒) 등이 모두 싸우다 죽었다. 유림이 죽기로 싸워 많이 살상시키니 적이 드디어 후퇴하여 도망갔다. 유림이 군을 온전히 하여 낭천(狼川)으로 이동하여 남한(南漢)을 향하여 갔다.

【백전(栢田)은 금화현 안에 있다. 당시 전투상황을 기록한 기속비(記績碑)가 있다】

12. 낭천현(狼川縣)

『연혁』(沿革)

본래 야시매(也尸買)였다. 신라에서 생천군(牲川郡)으로 바꾸고, 경덕왕 16년(757)에 낭천군(狼川郡)으로 고쳤다.〈삭주도독부(朔州都督府)에 속하였다〉고려 현종 9년(1018) 춘주(春州)에 속하게 하였다. 예종 원년(1106)에 감무(監務)를 두고 양구(楊口)를 겸하게 하였다. 조선 태조 때 환원시켜 나누어 관리하게 하였으며, 태종 13년(1413)에 현감(縣監)으로 고쳤다. 인조 23년(1645)에 혁파하여 금화(金化)에 속하게 하였다. 효종 4년(1653)에 다시 현감을 두었다.

「관원」(官員)

현감(縣監) 1명을 두었다.

【고읍(古邑)으로 난산(蘭山)이 있다. 자세한 설명은 춘천(春川)조에 보인다】

『산수』(山水)

생산(牲山)〈읍치로부터 서쪽으로 1리에 있다〉

낭수산(狼首山)〈읍치로부터 서쪽으로 35리에 있다〉

용화산(龍華山)〈읍치로부터 남쪽으로 25리에 있다. 춘천(春川)과의 경계이다〉

계성산(啓星山)〈읍치로부터 서쪽으로 30리에 있다〉

일산(日山)〈읍치로부터 동쪽으로 30리에 있다〉

마시산(馬矢山)〈읍치로부터 남쪽으로 20리에 있다〉

나송산(羅松山)〈읍치로부터 동쪽으로 15리에 있다〉

호위산(扈衛山)〈읍치로부터 북쪽으로 30리에 있다〉

용신산(龍神山)〈읍치로부터 북쪽으로 5리에 있다〉

대성산(大成山)〈읍치로부터 서쪽으로 45리에 있다. 금화(金化)와의 경계이다〉

갈산(葛山)〈읍치로부터 북쪽으로 55리에 있다〉

수곶산(水串山)〈읍치로부터 북쪽으로 50리에 있다〉

대용산(臺龍山)〈읍치로부터 동북쪽으로 40리에 있다〉

법흥산(法興山)〈읍치로부터 동쪽으로 35리에 있다〉

자작동산(自作洞山)〈읍치로부터 동북쪽으로 55리에 있다〉

북평(北坪)〈읍치로부터 북쪽으로 5리에 있다〉

「영로」(嶺路)

주소령(注所嶺)〈읍치로부터 북쪽으로 50리에 있다. 금성(金城)과의 경계이다〉

미륵령(彌勒嶺)〈북으로 가는 길이다〉

이현(梨峴)〈읍치로부터 동남쪽으로 40리에 있다. 춘천(春川)과의 경계이다〉

마현(馬峴)〈하나는 읍치로부터 남쪽으로 30리에 있으며 춘천과의 경계이다. 하나는 읍치로부터 서북쪽으로 64리에 있으며 금화(金化)와의 경계이다〉

말현(末峴)〈읍치로부터 서쪽으로 10리에 있다〉

관불현(觀佛峴)〈읍치로부터 동쪽으로 15리에 있다〉

한현(汗峴)〈읍치로부터 동북쪽으로 30리에 있다〉

○남강(南江)〈읍치로부터 남쪽으로 1리에 있다〉

사두포(蛇頭浦)〈남강(南江) 상류이다〉

서호포(西湖浦)〈읍치로부터 동북쪽으로 30리에 있다. 사두포(蛇頭浦)의 상류이다〉

마탄(馬灘)〈읍치로부터 북쪽으로 46리에 있다. 모일강(暮日江)이라고 칭한다〉

전포(錢浦)〈읍치로부터 동북쪽으로 55리에 있다. 마탄(馬灘) 상류이다. ○이상은 신연강(新淵江)에 자세한 설명이 있다〉

풍천(楓川)〈읍치로부터 동쪽으로 27리에 있다. 물의 근원은 이현(梨峴)에서 시작되어 북쪽으로 흘러 남강(南江) 상류로 들어온다〉

원천(原川)〈읍치로부터 남쪽으로 15리에 있다. 물의 근원은 계성산(啓星山)에서 시작되어 동쪽으로 흘러 남강(南江) 하류로 들어간다〉

간척천(看尺川)〈읍치로부터 동남쪽으로 25리에 있다. 물의 근원은 춘천 청평산(淸平山)에서 시작되어 북쪽으로 흘러 남강(南江) 상류로 들어간다〉

용두천(龍頭川)〈읍치로부터 동쪽으로 2리에 있다. 물의 근원은 대성산(大成山)과 금화 불정산(佛頂山)에서 시작되어 동쪽으로 흘러 현의 북쪽을 지나 남강(南江)으로 들어간다〉

직동천(直洞川)〈읍치로부터 북쪽으로 15리에 있다. 물의 근원은 수곶산(水串山)에서 시작되어 남쪽으로 흘러 용두천(龍頭川)으로 들어간다〉

『방면』(坊面)

현내면(縣內面)〈읍치로부터 10리에서 끝난다〉

동면(東面)〈읍치로부터 15리에서 시작하여 40리에서 끝난다〉

남면(南面)〈읍치로부터 10리에서 시작하여 20리에서 끝난다〉

북면(北面)〈읍치로부터 40리에서 시작하여 60리에서 끝난다〉

상서면(上西面)〈읍치로부터 5리에서 시작하여 25리에서 끝난다〉

하서면(下西面)〈읍치로부터 서남쪽으로 10리에서 시작하여 25리에서 끝난다〉

간척면(看尺面)〈읍치로부터 동남쪽으로 30리에서 시작하여 45리에서 끝난다〉

『성지』(城池)

용화산고성(龍華山古城)〈성의 둘레는 956척이며, 우물이 3개 있다〉

생산고성(牲山古城)〈성의 둘레는 3,014척이다〉

『역참』(驛站)

산양역(山陽驛)〈옛 이름은 산양역(山梁驛)이다. 읍치로부터 북쪽으로 40리에 있다〉

원천역(原川驛)〈옛 이름은 천원역(川原驛)이다. 읍치로부터 남쪽으로 15리에 있다〉

방천역(芳川驛)〈옛 이름은 방춘역(芳春驛)이다. 읍치로부터 동쪽으로 40리에 있다. 이상 3
역은 은계도(銀溪道)에 속해있다〉

「혁폐」(革廢)

원정역(原貞驛)

『진도』(津渡)

남강진(南江津)

대리진(大利津)〈읍치로부터 동쪽으로 12리에 있다〉

『토산』(土産)

칠(漆)·잣[해송자(海松子)]·오미자(五味子)·인삼(人蔘)·복령(茯笭)·자초(紫草)·벌꿀[봉
밀(蜂蜜)]·송이버섯[송심(松蕈)]·석이버섯[석심(石蕈)]·열목어[여항어(餘項魚)]·쏘가리[금
린어(錦鱗魚)]·누치[눌어(訥魚)]·향어(鄕魚)·영양(羚羊)·배[(이(梨)]·삼[마(麻)]·면(綿) 등
이다.

○황장봉산(黃腸封山)〈하나는 읍치로부터 서쪽으로 30리에 있고, 하나는 읍치로부터 동
북쪽으로 40리에 있다〉

『장시』(場市)

읍내(邑內)의 장날은 3일과 8일이다.

신라 진성왕(眞聖王) 9년(895)에 궁예(弓裔)가 생천(牲川)을 취하였다. ○고려 우왕 9년 (1383)에 도체찰사(都體察使) 최공철(崔公哲)이 낭천(狼川)에 다다르니 왜구(倭寇)가 돌격하 여 최공철의 아들을 잡아갔다.

13. 홍천현(洪川縣)

『연혁』(沿革)

본래 벌력천현(伐力川縣)이었다. 신라에서 벌력천정(伐力川停)을 두었다.〈군사제도이다. 골내근정(骨乃斤停)과 같다. 자세한 설명은 여주(驪州)조 있다〉경덕왕 16년(757)에 녹효(綠 驍)로 고쳐 삭주도독부(朔州都督府)의 영현(領縣)으로 삼았다. 고려 태조 23년(940)에 홍천 (洪川)으로 고쳤다. 현종 9년(1018)에 춘천(春川)에 속하게 하였다. 인종 21년(1143)에 감무 (監務)를 두었다. 조선 태종 13년(1413)에 현감(縣監)으로 고쳤다.〈벌력천 당시의 읍터가 삼정 포(三汀浦)에 남아 있다〉

「읍호」(邑號)

화산(花山)

「관원」(官員)

현감(縣監) 1명을 두었다.

『산수』(山水)

석화산(石花山)〈읍치로부터 북쪽으로 1리에 있다〉

대미산(大彌山)〈읍치로부터 동남쪽으로 10리에 있다〉

공작산(孔雀山)〈읍치로부터 동쪽으로 25리에 있다. ○수타사(水墮寺)가 있다〉

오음산(五音山)〈읍치로부터 남쪽으로 30리에 있다. 횡성(橫城)과의 경계이다〉

팔봉산(八峰山)〈혹은 감물악(甘勿岳)이라고도 한다. 읍치로부터 서쪽으로 60리에 있다. 8 개의 봉우리가 서로 연해 있는 것이 기발하다〉

가리산(加里山)〈읍치로부터 동북쪽으로 70리에 있다. 춘천(春川)과의 경계이다. 용연(龍

淵)이 있다〉

　　비룡산(飛龍山)〈읍치로부터 남쪽으로 40리에 있다. 횡성(橫城)과의 경계이다〉

　　인의산(釼倚山)〈읍치로부터 서남쪽으로 20리에 있다〉

　　금학산(金鶴山)〈읍치로부터 서쪽으로 40리에 있다. ○수룡사(水龍寺)가 있다〉

「영로」(嶺路)

　　신당치(神堂峙)〈읍치로부터 서쪽으로 40리에 있다. 지평(砥平)과의 경계이다〉

　　부현(婦峴)〈읍치로부터 서쪽으로 25리에 있다〉

　　장송현(長松峴)〈읍치로부터 동쪽으로 30리에 있다〉

　　마현(馬峴)〈읍치로부터 동쪽으로 40리에 있다〉

　　건이령(建伊嶺)〈읍치로부터 동쪽으로 75리에 있다. 인제(麟蹄)와의 경계이다〉

　　우령(羽嶺)〈읍치로부터 남쪽으로 5리에 있다〉

　　마점(馬岾)〈읍치로부터 남쪽으로 15리에 있다〉

　　삼마치(三馬峙)〈읍치로부터 남쪽으로 40리에 있다. 횡성(橫城)과의 경계이다〉

　　장미령(獐尾嶺)〈서쪽으로 가는 길이다〉

　　백양치(白羊峙)〈읍치로부터 서남쪽으로 40리에 있다. 지평(砥平)과의 경계이다〉

　　국사당치(國師堂峙)·부소원치(夫所院峙)〈모두 북쪽으로 22리에 있다. 춘천(春川)과의 경계이다〉

　　조현(鳥峴)〈읍치로부터 동쪽으로 25리에 있다〉

　　송치(松峙)〈크고 작은 2개의 고개가 있다. 읍치로부터 동쪽으로 40리에 있다〉

　　백치(栢峙)〈읍치로부터 동쪽으로 100리에 있다. 강릉(江陵)과의 경계이다〉`

　　미등내치(彌等乃峙)〈읍치로부터 동남쪽으로 40리에 있다. 횡성(橫城)과의 경계이다〉

　　○홍천강(洪川江)〈혹은 남천(南川)이라고도 한다. 읍치로부터 남쪽으로 2리에 있다. 상세한 설명은 수경(水經)조에 있다〉

　　관천강(冠川江)〈읍치로부터 서쪽으로 70리에 있다. 남천(南川)의 하류이다〉

　　풍천(楓川)〈읍치로부터 동쪽으로 20리에 있다. 물의 근원은 춘천 중천산(中田山)에서 시작되어 남쪽으로 흘러 홍천강(洪川江)으로 들어간다〉

　　삼마치천(三馬峙川)〈물의 근원은 삼마치(三馬峙)에서 시작되어 북쪽으로 흐른다〉

　　명암천(鳴岩川)〈읍치로부터 서쪽으로 10리에 있다. 물의 근원은 춘천 구절산(九節山)에서

시작되어 남쪽으로 흐른다〉

양덕원천(陽德院川)〈읍치로부터 서쪽으로 30리에 있다. 물의 근원은 신대리(新垈里)에서 시작되어 북쪽으로 흐른다〉

군자곡천(君子谷川)〈읍치로부터 서쪽으로 20리에 있다. 물의 근원은 춘천 유현(楡峴)에서 시작되어 남쪽으로 흐른다〉

북천(北川)〈읍치로부터 동북쪽으로 15리에 있다. 물의 근원은 춘천에서 시작되어 남쪽으로 흐른다. ○이상 5개의 강은 모두 홍천강(洪川江)으로 들어간다〉

삼정포(三汀浦)〈옛날에는 벌력천(伐力川)이라고 하였으니 곧 삼마치천(三馬峙川)이 강으로 들어가는 곳이다〉

『방면』(坊面)
현내면(縣內面)〈읍치로부터 5리에서 끝난다〉
화촌면(花村面)〈읍치로부터 동북쪽으로 5리에서 시작하여 50리에서 끝난다〉
말촌면(末村面)〈읍치로부터 동북쪽으로 40리에서 시작하여 80리에서 끝난다〉
내촌면(奈村面)〈읍치로부터 동쪽으로 50리에서 시작하여 90리에서 끝난다〉
서석면(瑞石面)〈읍치로부터 동쪽으로 60리에서 시작하여 100리에서 끝난다〉
영귀미면(詠歸美面)〈읍치로부터 동남쪽으로 10리에서 시작하여 50리에서 끝난다〉
일의산면(釖倚山面)〈읍치로부터 남쪽으로 7리에서 시작하여 40리에서 끝난다〉
감물악면(甘勿岳面)〈읍치로부터 동쪽으로 60리에서 시작하여 100리에서 끝난다〉
북빙면(北方面)〈읍치로부터 서북쪽으로 5리에서 시작하여 50리에서 끝난나〉
사이암장면(寺伊岩莊面)〈읍치로부터 동쪽으로 100리에 있다〉

『성지』(城池)
대미산성(大彌山城)〈성의 둘레는 2,197척이다〉

『창고』(倉庫)
동창(東倉)〈읍치로부터 동쪽으로 75리에 있다〉
남창(南倉)〈읍치로부터 남쪽으로 20리에 있다〉

서창(西倉)〈읍치로부터 서쪽으로 65리에 있다〉

북창(北倉)〈읍치로부터 북쪽으로 30리에 있다〉

『역참』(驛站)

연봉역(連峰驛)〈읍치로부터 남쪽으로 5리에 있다〉

천감역(泉甘驛)〈옛 이름은 감천역(甘泉驛)이다. 읍치로부터 동북쪽으로 60리에 있다. 이상 2역은 보안도(保安道)에 속해있다〉

『진도』(津渡)

화양강진(華陽江津)〈남천(南川)에 있다. 가물면 다리를 이용하고 물이 많으면 배를 이용한다〉

관천진(冠川津)〈읍치로부터 서쪽으로 70리에 있다〉

『토산』(土産)

철(鐵)·칠(漆)·오미자(五味子)·지치[자초(紫草)]·인삼(人蔘)·복령(茯笭)·벌꿀[봉밀(蜂蜜)]·영양(羚羊)·누치[눌어(訥魚)]·열목어[여항어(餘項魚)]·쏘가리[금린어(錦鱗魚)]·산무애뱀[백화사(白花蛇)]·송이버섯[송심(松蕈)]·석이버섯[석심(石蕈)]·잣[해송자(海松子)]·배[(이(梨)]·삼[마(麻)]·면(綿) 등이다.

○황장봉산(黃腸封山)〈2곳이다〉

『장시』(場市)

읍내(邑內)의 장날은 4일과 9일이며 천감(泉甘)의 장날은 3일과 8일이고 구만리(九灣里)의 장날은 5일과 10일이다.

『누정』(樓亭)

학명루(鶴鳴樓)〈읍내에 있다〉

범파정(泛波亭)〈읍치로부터 동남쪽으로 2리 떨어진 남천(南川)에 있다〉

고려 우왕 9년(1383) 왜구(倭寇)가 홍천을 도륙하니 원수(元帥) 김입견(金立堅: 1340~1396)과 이을진(李乙珍: 생몰년미상, 우왕 때 장군)이 싸워 5명의 목을 베었다.

14. 횡성현(橫城縣)

『연혁』(沿革)

본래 신라 어사매현(於斯買縣)이었다. 경덕왕 16년(757)에 황천(潢川)으로 고쳐 삭주도독부 (朔州都督府)의 영현(領縣)으로 삼았다. 고려 태조 23년(940)에 횡천(橫川)으로 고쳤다. 현종 9년(1018)에 춘천(春川)에 속하게 하였다가 후에 원주(原州)에 속하였다. 공양왕 원년(1389)에 감무(監務)를 두었다. 조선 태종 13년(1413)에 현감(縣監)으로 고치고 동왕 14년(1414)에 횡성(橫城)으로 고쳤다.〈그 이유는 홍천(洪川)과 횡천(橫川)이 소리가 서로 가깝기 때문이다〉

「읍호」(邑號)

화전(花田)

「관원」(官員)

현감(縣監) 1명을 두었다.

『산수』(山水)

마산(馬山)〈읍치로부터 북쪽으로 2리에 있다〉

남산(南山)〈읍치로부터 남쪽으로 6리에 있다〉

오음산(五音山)〈읍치로부터 북쪽으로 50리에 있다. 홍천(洪川)과의 경계이다〉

덕고산(德高山)〈혹은 태기산(泰岐山)이라고도 한다. 읍치로부터 북쪽으로 70리에 있다. 강릉(江陵)과의 경계이다〉

정금산(鼎金山)〈읍치로부터 북쪽으로 30리에 있다〉

홍두산(鴻頭山)〈읍치로부터 동북쪽으로 30리에 있다〉

칠봉산(七峰山)〈읍치로부터 북쪽으로 40리에 있다〉

독현(禿峴)·구도미치(仇道味峙)〈모두 읍치로부터 동쪽으로 70리에 있다. 강릉(江陵)과의 경계이다〉

회현(檜峴)〈읍치로부터 동쪽으로 50리에 있다〉

어로현(於路峴)〈읍치로부터 서쪽으로 40리에 있다〉

미등내치(彌等乃峙)〈읍치로부터 북쪽으로 40리에 있다. 홍천(洪川)과의 경계이다〉

삼마치(三馬峙)〈읍치로부터 북쪽으로 40리에 있다. 홍천과의 경계이다〉

가오치(加五峙)〈읍치로부터 서쪽으로 20리에 있다〉

계암치(階岩峙)〈읍치로부터 남쪽으로 5리에 있다〉

도부현(渡父峴)〈읍치로부터 동남쪽으로 30리에 있다. 원주(原州)와의 경계이다〉

○남천(南川)〈읍치로부터 남쪽으로 5리에 있다. 물의 근원은 원주 치악산(雉岳山) 북쪽에서 시작되어 북쪽으로 흘러 회현(檜峴)을 지나 정곡(井谷) 북쪽에 이르러 갑천(甲川)을 지나 서쪽으로 흐른다〉

포통천(浦通川)〈물의 근원은 도부현(渡父峴)에서 시작되어 서쪽으로 흐른다〉

청옥연(淸玉淵)〈읍치로부터 서북쪽으로 20리에 있다. 물의 근원은 홍천(洪川) 일의산(釖倚山) 동쪽에서 시작되어 동쪽으로 흐른다. 이상 3개의 강은 모두 서천(西川)으로 들어간다〉

서천(西川)〈물의 근원은 홍천 공작산(孔雀山)에서 시작되어 남쪽으로 흘러 읍의 서쪽 4리를 지나 원주(原州) 섬강(蟾江) 상류가 된다〉

갑천(甲川)〈읍치로부터 동쪽으로 40리에 있다. 물의 근원은 덕고산(德高山)에서 시작되어 서쪽으로 흘러 남천(南川)으로 들어간다〉

동창천(東倉川)〈읍치로부터 동쪽으로 50리에 있다. 물의 근원은 덕고산의 동쪽에서 시작되어 남쪽으로 흘러 원주 가전천(加田川)이 된다〉

『방면』(坊面)

현내면(縣內面)〈읍치로부터 7리에서 끝난다〉

청룡면(靑龍面)〈읍치로부터 서쪽으로 5리에서 시작하여 10리에서 끝난다〉

우천면(隅川面)〈읍치로부터 동쪽으로 10리에서 시작하여 20리에서 끝난다〉

정곡면(井谷面)〈읍치로부터 동쪽으로 15리에서 시작하여 25리에서 끝난다〉

둔내면(屯內面)〈읍치로부터 동쪽으로 25리에서 시작하여 40리에서 끝난다〉

갑천면(甲川面)〈읍치로부터 동쪽으로 20리에서 시작하여 50리에서 끝난다〉

송음면(松陰面)〈읍치로부터 북쪽으로 15리에서 끝난다〉

청일면(晴日面)〈읍치로부터 북쪽으로 20리에서 시작하여 45리에서 끝난다〉

수남면(水南面)〈읍치로부터 동쪽으로 25리에 있다〉

공근면(公根面)〈읍치로부터 5리에서 시작하여 35리에서 끝난다〉

백등촌처(栢等村處)〈읍치로부터 동남쪽으로 20리에 있었다〉

협촌처(脇村處)〈읍치로부터 동쪽으로 20리에 있었다〉

저촌소(猪村所)〈읍치로부터 동쪽으로 20리에 있었다〉

『성지』(城池)

덕고산고성(德高山古城)〈성의 둘레는 2,653척이다. 우물이 1개이다〉

『창고』(倉庫)

동창(東倉)〈읍치로부터 동쪽으로 60리 떨어진 유곡(楡谷)에 있다〉

북창(北倉)〈읍치로부터 동북쪽으로 30리에 있다〉

『역참』(驛站)

갈풍역(葛豊驛)〈읍치로부터 서쪽으로 6리에 있다〉

창봉역(蒼峰驛)〈읍치로부터 북쪽으로 40리에 있다〉

오원역(烏原驛)〈읍치로부터 동쪽으로 50리에 있다〉

안흥역(安興驛)〈읍치로부터 동쪽으로 60리에 있다. 이상 4개의 역은 보안도(保安道)에 속해있다〉

「혁폐」(革廢)

횡천역(橫川驛)·함춘역(含春驛)

『진도』(津渡)

북천진(北川津)〈읍치로부터 북쪽으로 2리에 있다. 겨울에는 다리를 이용해 건너고, 여름

에는 배로 건넌다〉

『토산』(土産)

철(鐵)·칠(漆)·자단(紫檀)·오미자(五味子)·안식향(安息香)·지치[자초(紫草)]·인삼(人蔘)·복령(茯苓)·송이버섯[송심(松蕈)]·석이버섯[석심(石蕈)]·벌꿀[봉밀(蜂蜜)]·영양(羚羊)·산무애뱀[백화사(白花蛇)]·누치[눌어(訥魚)]·열목어[여항어(餘項魚)] 등이다.

○황장봉산(黃腸封山)〈1곳이다〉

『장시』(場市)

읍내(邑內)의 장날은 1일과 6일이며 둔내(屯內)의 장날은 4일과 9일이다.

『전고』(典故)

고려 우왕 9년(1383) 왜구(倭寇)가 횡천(橫川)에 쳐들어왔다. ○조선 태종 때 횡성(橫城)에 행차하여 무예를 익혔다. 인조 5년(1627)에 횡성현 사람 이인거(李仁居)가 자칭 의(義)를 편다고 하여 무리 수 백 명을 모아 관아에 돌입하여 현감(縣監) 이탁남(李擢男)을 결박하고 무기를 모두 꺼내고 현에 점거한 후 수도를 점령할 계획을 세우니 서울에 계엄을 내리고 근처 병사를 출동시켜 요지를 지키게 하였다. 삼남(三南) 병사에 명하여 군사를 거느리고 변에 대비하게 하였다. 원주목사(原州牧使) 홍두(洪竇)가 군사를 내어 난민을 체포하였다.

15. 양구현(楊口縣)

『연혁』(沿革)

본래 요은홀차(要隱忽次)였다. 신라 때 양구(楊口)로 이름하였다. 경덕왕 16년(757)에 양록군(楊麓郡)으로 고쳤다.〈삭주도독부(朔州都督府)에 속하게 하였다. 영현(領縣)은 4이니, 삼령(三嶺)·희제(狶蹄)·치도(馳道)·기령(基泠)이다〉고려 태조 23년(940)에 양구현(楊溝縣)으로 고치고, 현종 9년(1018)에 춘천(春川)에 속하게 하였다. 예종 원년(1106)에 양구(楊口)로 고쳐 낭천 감무(狼川監務)가 겸하게 하였다. 조선 태조 2년(1393)에 나누어 감무를 두고, 태종

13년(1413)에 현감(縣監)으로 고쳤다.

「관원」(官員)

현감(縣監) 1명을 두었다.

『고읍』(古邑)

방산고현(方山古縣)〈읍치로부터 북쪽으로 30리에 있다. 본래 밀파혜(密波兮)였다. 신라 때는 삼현(三縣)이었다. 경덕왕 16년(757)에 삼령(三嶺)으로 고쳐 양록군(楊麓郡) 영현(領縣)으로 삼았다. 고려 태조 23년(940)에 방산(方山)으로 고치고, 현종 9년(1018)에 춘천(春川)에 속하게 하였다가 후에는 회양(淮陽)에 예속시켰다. 조선 세종 6년(1424)에 본 현의 속현(屬縣)으로 삼았다〉

『산수』(山水)

비봉산(飛鳳山)〈읍치로부터 북쪽으로 2리에 있다〉

두타산(頭陀山)〈읍치로부터 북쪽으로 50리에 있다〉

사명산(四明山)〈읍치로부터 서쪽으로 30리에 있다. 봉우리가 매우 기이하며, 산 꼭대기에는 못[지(池)]이 있다〉

도솔산(兜率山)〈읍치로부터 동북쪽으로 40리에 있다〉

해안산(亥安山)〈읍치로부터 동북쪽으로 60리에 있다〉

우명산(牛鳴山)〈읍치로부터 남쪽으로 40리에 있다〉

수산(水山)〈읍치로부터 남쪽으로 45리에 있다. 춘천(春川)과의 경계이다〉

대암산(臺岩山)〈읍치로부터 동남쪽으로 30리에 있다. 인제(麟蹄)와의 경계이다〉

「영로」(嶺路)

도솔령(兜率嶺)〈도솔산(兜率山)에 있다〉

계산령(鷄山嶺)〈읍치로부터 동쪽으로 34리에 있다. 인제와의 경계이다〉

구현(鳩峴)〈읍치로부터 북쪽으로 40리에 있다〉

두모현(頭毛峴)〈읍치로부터 동남쪽으로 30리에 있다. 인제로 가는 길이다〉

도리곶현(都里串峴)〈읍치로부터 동남쪽으로 15리에 있다〉

사리곶현(沙里串峴)〈읍치로부터 남쪽으로 30리에 있다〉

광치(廣峙)〈읍치로부터 동쪽으로 30리에 있다. 인제(麟蹄)와의 경계이다〉

송현(松峴)·학현(鶴峴)〈모두 읍치로부터 북쪽으로 25리에 있다〉

문등현(文登峴)〈읍치로부터 북쪽으로 60리에 있다. 회양(淮陽)과의 경계이다〉

포천(鋪遷)〈읍치로부터 남쪽으로 30리에 있다. 길이 매우 험하고 막혀서 잔도(棧道)를 만들어 달아 놓았다〉

융천(戎遷)〈읍치로부터 서쪽으로 20리에 있다. 두타산(頭陀山) 하류가 만나는 곳이다〉

시락현(時洛峴)〈읍치로부터 서쪽으로 20리에 있다. 춘천(春川)으로 가는 길이다〉

○남강(南江)〈읍치로부터 남쪽으로 30리에 있다. 자세한 설명은 춘천 소양강(昭陽江)조에 있다〉

두타천(頭陀川)〈읍치로부터 동북쪽으로 50리에 있다. 물의 근원은 사태동(沙太洞)에서 시작되어 서쪽으로 흘러 융천현(戎遷峴)을 지나 도솔천(兜率川)을 지나 모일강(暮日江)으로 들어간다〉

도솔천(兜率川)〈읍치로부터 남쪽으로 1리에 있다. 남천(南川)이라고도 한다. 옛날에는 곡계(曲溪)라고 칭하였다. 물의 근원은 구현(鳩峴)에서 시작되어 남쪽으로 흘러 본 현을 돌아 흐른다. 또 서북쪽으로 흘러 투타천(頭陀川)으로 들어간다〉

해안천(亥安川)〈읍치로부터 동쪽으로 50리에 있다. 물의 근원은 해안동(亥安洞)에서 시작되어 남쪽으로 흘러 인제(麟蹄) 서화천(瑞和川)이 된다〉

『방면』(坊面)

현내면(縣內面)〈읍치로부터 10리에서 끝난다〉

서면(西面)〈읍치로부터 5리에서 시작하여 30리에서 끝난다〉

남면(南面)〈읍치로부터 10리에서 시작하여 30리에서 끝난다〉

북면(北面)〈읍치로부터 10리에서 시작하여 30리에서 끝난다〉

상동면(上東面)〈읍치로부터 25리에서 시작하여 70리에서 끝난다〉

하동면(下東面)〈읍치로부터 10리에서 시작하여 30리에서 끝난다〉

방산면(方山面)〈읍치로부터 서북쪽으로 40리에서 시작하여 80리에서 끝난다〉

해안면(亥安面)〈읍치로부터 동북쪽으로 60리에서 시작하여 800리에서 끝난다. ○옛날에는 춘천(春川)에 속하였다가 세종 6년(1424)에 본 현에 속하였다〉

해안소(亥安所)

『성지』(城池)
비봉산고성(飛鳳山古城)〈성의 둘레는 892척이다〉

『창고』(倉庫)
북창(北倉)〈읍치로부터 서북쪽으로 30리 떨어진 방산면(方山面)에 있다〉
해안창(亥安倉)〈해안면(亥安面)에 있다〉

『역참』(驛站)
함춘역(含春驛)〈읍치로부터 북쪽으로 5리에 있다〉
수인역(遂仁驛)〈읍치로부터 남쪽으로 35리에 있다. 이상 2역은 은계도(銀溪道)에 속해있다〉

『토산』(土産)
오미자(五味子)·지치[자초(紫草)]·인삼(人蔘)·복령(茯笭)·벌꿀[봉밀(蜂蜜)]·송이버섯
[송심(松蕈)]·석이버섯[석심(石蕈)]·잣[해송자(海松子)]·영양(羚羊)·산누애뱀[백화사(白花
蛇)]·누치[눌어(訥魚)]·열목어[여항어(餘項魚)]·쏘가리[금린어(錦鱗魚)]·삼[마(麻)]·백토
(白土)·자기(磁器) 등이다.
○황장봉산(黃腸封山)〈읍치로부터 북쪽으로 60리에 있는 사태동(沙太洞)에 있다. 3곳이 있다〉

『장시』(場市)
읍내(邑內)의 장날은 5일과 10일이다.

『전고』(典故)
고려 우왕 9년(1383)에 왜구(倭寇)가 양구(楊口)에 쳐들어왔다.

16. 인제현(麟蹄縣)

『연혁』(沿革)

본래 오사회(烏斯回)였다. 신라 때 저족현(猪足縣)으로 고치고, 경덕왕 16년(757)에 희제(狶蹄)로 고쳐 양록군(楊麓郡)의 영현(領縣)으로 삼았다. 고려 태조 23년(940)에 인제(麟蹄)로 고쳤다. 고려 현종 9년(1018)에 춘천(春川)에 속하였다가 후에 회양(淮陽)에 속하였다. 공양왕 원년(1381)에 감무(監務)를 두었다. 조선 태종 13년(1413)에 현감(縣監)으로 고쳤다.〈옛 읍의 터가 읍치로부터 남쪽으로 10리 떨어진 이둔리(耳屯里)에 있다〉

「관원」(官員)

현감(縣監) 1명을 두었다.

『고읍』(古邑)

서화고현(瑞和古縣)〈읍치로부터 북쪽으로 60리에 있다. 본래 개차정(皆次丁)이었다. 신라에서 옥기(玉歧)로 고쳤다. 경덕왕 16년(757)에 치도(馳道)로 고쳐 양록군(楊麓郡)의 영현(領縣)으로 삼았다. 고려 태조 23년(940)에 서화(瑞和)로 고치고, 현종 9년(1018)에 춘천(春川)에 속하였다가 후에 회양(淮陽)에 속하였다. 조선 세종 때 인제현에 래속하였다. 읍호는 서성(瑞城)이다.

『산수』(山水)

복룡산(伏龍山)〈읍치로부터 북쪽으로 2리에 있다〉

한계산(寒溪山)〈읍치로부터 동쪽으로 60리에 있는데, 곧 양양(襄陽) 설악산(雪嶽山) 서남쪽 지류이다. 본래 하나의 산이었는데 다른 이름을 갖고 있다. 산의 형세가 웅장하고 높고 가파른 것이 모두 돌이 만든 모습이다. 골짜기는 그윽하고 첩첩산중으로 막혀있으며 계곡의 물이 종횡으로 흘러 건너 흐르는 곳이 36곳이나 된다. 그 남쪽 봉우리는 절벽을 이루고 그 높이는 천 길이나 되며 기괴한 모습을 이루 형용할 수가 없다. 그 아래는 푸른 물이 바위를 건드리며 흘러 못을 만드니 그 기괴한 모습은 마치 용이 호랑이를 잡아채는 것과 같다. 여러 겹의 층대가 무수하며 그 뛰어난 경치는 영서(嶺西)에서 최고이다. ○산 위에는 고성(古城)이 있는데 내(川)가 성 가운데서 흘러 나와 폭포를 이뤄 수 백 척 위에 매달려 흐르니 쳐다보면 마치 하얀 무지개가 하늘을 가르는 것 같아 그 폭포 이름을 대승포[大勝瀑]라 하였다. ○심적사(深寂寺)·백담사(百潭寺)·봉정암(鳳頂岩)이 있다〉

용대산(龍臺山)〈읍치로부터 북쪽으로 70리에 있다〉

봉비산(鳳飛山)〈읍치로부터 남쪽으로 15리에 있다〉

가리산(加里山)〈읍치로부터 동쪽으로 40리에 있다〉

덕산(德山)〈읍치로부터 동쪽으로 15리에 있다〉

「영로」(嶺路)

연수파령(連水坡嶺)〈읍치로부터 동쪽으로 75리에 있다. 간성(杆城)과의 경계이다. 우회하는 길이 험하고 막혀있다〉

오색령(五色嶺)·필노령(弼奴嶺)·박달령(朴達嶺)〈모두 읍치로부터 동쪽으로 70리에 있다. 양양(襄陽)과의 경계이다〉

진부령(珍富嶺)〈읍치로부터 동북쪽으로 90리에 있다〉

선유령(仙遊嶺)·흘이령(屹伊嶺)·소파령(所波嶺)〈모두 읍치로부터 동북쪽으로 70리에 있다. 간성(杆城)과의 경계이다〉

회전령(檜田嶺)·응봉령(鷹峰嶺)〈모두 읍치로부터 북쪽으로 140리에 있다. 회양(淮陽)과의 경계이다〉

탄령(炭嶺)〈읍치로부터 북쪽으로 140리에 있다. 고성(高城)과의 경계이다〉

건이령(建伊嶺)〈읍치로부터 서남쪽으로 55리에 있다. 홍주(洪州)와의 경계이다〉

두모현(頭毛峴)〈읍치로부터 북쪽으로 40리에 있다. 양구(楊口)와의 경계이다〉

시라치(沙羅峙)〈읍치로부터 서북쪽으로 30리에 있다〉

구장천(九壯遷)〈읍치로부터 서쪽으로 40리 강변에 있는데, 양구 남강(楊口南江)의 상류이다〉

선천(船遷)〈읍치로부터 서쪽으로 20리 떨어진 강변에 있다〉

반창천(反昌遷)〈읍치로부터 동쪽으로 10리 떨어진 강변에 있다〉

【소동나령(所多羅嶺)·한계산령(寒溪山嶺)】

○서화천(瑞和川)〈읍치로부터 북쪽으로 60리에 있다. 자세한 설명은 산수(山水)조에 있다〉

기린천(基麟川)〈읍치로부터 남쪽으로 20리에 있다. 자세한 설명은 소양강(昭陽江)조에 있다〉

추동천(楸洞川)〈읍치로부터 동남쪽으로 30리에 있다. 물의 근원은 오색령(五色嶺)에서 시작되어 서쪽으로 흘러 기린천(基麟川) 하류로 들어간다〉

탄곡천(炭谷川)〈물의 근원은 탄령(炭嶺)에서 시작되어 남쪽으로 흐른다〉

이포천(伊布川)〈물의 근원은 응봉령(鷹峰嶺)에서 시작되어 남쪽으로 흐른다. 모두 서화천(瑞和川)의 원류이다〉

뇌탄(磊灘)〈읍치로부터 동쪽으로 30리에 있다〉

원통천(圓通川)〈뇌탄(磊灘)의 하류이다〉

미륵천(彌勒川)〈원통천(圓通川)의 하류이다. 모두 서화천(瑞和川)으로 들어간다〉

백담천(百潭川)〈읍치로부터 동쪽으로 40리에 있다. 물의 근원은 한계산(寒溪山)에서 시작되어 서쪽으로 흘러 서화천으로 들어간다〉

한계천(寒溪川)〈읍치로부터 동쪽으로 30리에 있다. 물의 근원은 대승폭포[大勝瀑]에서 시작되어 서쪽으로 흘러 원통천(圓通川)으로 들어간다〉

금보동천(金寶洞川)〈읍치로부터 서남쪽으로 30리에 있다. 물의 근원은 금보동(金寶洞)에서 시작되어 북쪽으로 흘러 봉황대(鳳凰臺) 남쪽으로 들어간다〉

가노탄(加奴灘)〈읍치로부터 남쪽으로 10리에 있다〉

『방면』(坊面)

현내면(縣內面)〈읍치로부터 40리에서 끝난다〉

북면(北面)〈읍치로부터 20리에서 시작하여 80리에서 끝난다〉

동면(東面)〈읍치로부터 40리에서 시작하여 70리에서 끝난다〉

남면(南面)〈읍치로부터 10리에서 시작하여 40리에서 끝난다〉

서화면(瑞和面)〈읍치로부터 북쪽으로 40리에서 시작하여 140리에서 끝난다〉

○이포소(伊布所)〈읍치로부터 북쪽으로 140리에서 시작한다. 옛날에는 춘천(春川)에 속하였다가 세종 6년(1424)에 본 현에 래속하였다〉

『성지』(城池)

한계산고성(寒溪山古城)〈읍치로부터 동쪽으로 50리에 있다. 성의 둘레는 6,272척이다. 큰 샘[대천(大泉)]이 있다〉

『창고』(倉庫)

북창(北倉)〈읍치로부터 북쪽으로 80리에 있다〉

서화창(瑞和倉)〈읍치로부터 북쪽으로 60리에 있다〉

『역참』(驛站)

마노역(馬奴驛)〈옛 이름은 마뇌역(瑪惱驛)이다. 읍치로부터 서쪽으로 30리에 있다〉

부림역(富林驛)〈옛 이름은 임천역(臨川驛)이다. 옛날에 서화(瑞和)에 있었으나 지금은 원통리(圓通里)로 옮겼다. 읍치로부터 동쪽으로 20리에 있다〉

남교역(嵐校驛)〈읍치로부터 동쪽으로 40리에 있다. 이상 3역은 은계도(銀溪道)에 속해있다〉

『진도』(津渡)

마노진(馬奴津)〈읍치로부터 서쪽으로 30리에 있다〉

가노진(加奴津)〈읍치로부터 서쪽으로 10리에 있다〉

주연진(舟淵津)〈혹은 서비진(西庇津)이라고도 한다. 읍치로부터 동쪽으로 15리에 있다〉

『토산』(土産)

잣[해송자(海松子)]·오미자(五味子)·지치[자초(紫草)]·인삼(人蔘)·복령(茯苓)·벌꿀[봉밀(蜂蜜)]·영양(羚羊)·산누애뱀[백화사(白花蛇)]·누치[눌어(訥魚)]·쏘가리[금린어(錦鱗魚)]·열목어[여항어(餘項魚)]·붕어[[즉어(鯽魚)]·칠(漆)·삼[마(麻)] 등이다.

○황장봉산(黃腸封山)〈2곳이다〉

『장시』(場市)

읍내(邑內)의 장날은 2일과 7일이다.

『누정』(樓亭)

합강정(合江亭)〈읍치로부터 동쪽으로 5리에 있다. 서화천(瑞和川)과 기린천(基麟川)이 합류하는 곳에 있다〉

신라 진성여왕 9년(895)에 궁예(弓裔)가 저족현(猪足縣)을 취하였다. ○고려 고종 46년 (1259) 등주(登州)와 화주(和州) 등 여러 성의 반민(叛民)들이〈조휘(趙暉)의 무리들이다. 영흥 조에 보인다〉병(蒙古兵)을 이끌고 한계성(寒溪城)을 공격하니 방호별감(防護別監) 안홍민(安 洪敏)이 야별초(夜別抄)를 이끌고 나아가 공격하여 모두 섬멸시켰다.

17. 안협현(安峽縣)

『연혁』(沿革)

본래 백제 아진압현(阿珍押縣)이다.〈혹은 궁악(窮岳)이라고도 하였다〉신라 경덕왕 16년 (757)에 안협(安峽)으로 고쳐 토산군(兎山郡)의 영현(領縣)으로 삼았다. 고려 현종 9년(1018) 에 동주(東州)에 속하였다. 예종 원년(1106)에 감무(監務)를 두었다.〈공양왕 3년(1391)에 경기 좌도(京畿左道)에 예속시켰다. 조선 태종 14년(1414)에 삭녕(朔寧)과 합하여 안삭(安朔)으로 이름하였다가 동왕 16년(1416)에 다시 분할하여 현감(縣監)으로 하였다.〈세종 16년(1434)에 본 도(道)에 내속시켰다〉

「관원」(官員)

현감(縣監) 1명을 두었다.

『산수』(山水)

만경산(萬景山)〈읍치로부터 북쪽으로 2리에 있다. 산 서쪽 정상을 지나는 바위에서 샘이 나와 용출한다. ○심곡사(深谷寺)가 있다〉

팔봉산(八峰山)〈읍치로부터 동북쪽으로 16리에 있다〉

고암산(高岩山)〈읍치로부터 동쪽으로 20리에 있다〉

교곡산(橋谷山)〈읍치로부터 북쪽으로 39리에 있다〉

백운산(白雲山)〈읍치로부터 동북쪽으로 10리에 있다〉

오송대산(五松臺山)〈읍치로부터 동북쪽으로 30리에 있다〉

남산(南山)〈읍치로부터 남쪽으로 5리에 있다〉

달마산(達摩山)〈읍치로부터 동북쪽으로 40리에 있다〉

삼각산(三角山)〈읍치로부터 북쪽으로 25리에 있다. 이천(伊川)과의 경계이다〉

「영로」(嶺路)

암태령(岩馱嶺)〈읍치로부터 서쪽으로 20리에 있다〉

저전현(猪轉峴)〈읍치로부터 서쪽으로 10리에 있다〉

재치(灾峙)〈읍치로부터 서쪽에 있다〉

아현(阿峴)〈읍치로부터 남쪽에 있다〉

가목현(加木峴)〈읍치로부터 남쪽에 있다〉

유달령(楡達嶺)〈읍치로부터 북쪽으로 15리에 있다. 팔봉(八峰)의 서쪽 줄기이다〉

화유령(花蹂嶺)〈읍치로부터 동쪽으로 10리에 있다〉

○제당연(祭堂淵)〈읍치로부터 서쪽으로 10리에 있다. 못 가에 있는 바위 위에 제당(祭堂) 유지가 있다〉

저전탄(猪轉灘)〈읍치로부터 서쪽으로 7리에 있다. 제당연(祭堂淵)의 하류이다. 이상에 대한 자세한 설명은 임진강(臨津江)조에 있다〉

정산천(定山川)〈읍치로부터 동북쪽으로 25리에 있다. 물의 근원은 평강(平康) 분수령(分水嶺)에서 시작되어 서쪽으로 흘러 성동수(城洞水)가 되고 주토낭천(朱土郎遷)을 지나 적암천(赤岩川)이 된다. 가목낭천(假木郎遷)을 지나 정산탄(定山灘)이 되어 고암산(高岩山)·연경산(連景山)·만경산(萬景山) 등의 여러 산의 북쪽을 지나 제당연(祭堂淵) 하류로 들어간다〉

남천(南川)〈물의 근원은 삭녕(朔寧) 말응산(末應山)에서 시작되어 서쪽으로 흘러 현의 남쪽을 지나 저전탄(猪轉灘)으로 들어간다〉

『방면』(坊面)

현내면(縣內面)〈읍치로부터 10리에서 끝난다〉

동면(東面)〈읍치로부터 동북쪽으로 20리에서 시작하여 35리에서 끝난다〉

서면(西面)〈읍치로부터 서북쪽으로 12리에서 시작하여 40리에서 끝난다〉

수회면(水回面)〈읍치로부터 동쪽으로 20리에서 끝난다. 위 아래로 물이 돈다〉

『성지』(城池)

만경산고성(萬景山古城)〈성의 둘레는 1,434척이다. 우물이 1개 있다〉

남산고성(南山古城)〈세상에서 고성(姑城)이라고 부른다. 성의 둘레는 1,965척이다. 우물이 1개 있다〉

증봉고성(甑峰古城)·거성(擧城)〈모두 강변에 있다〉

『창고』(倉庫)

거성창(擧城倉)〈혹은 하창(下倉)이라고도 한다. 고성(古城) 안에 있다〉

『진도』(津渡)

거성진(擧城津)〈혹은 포리진(浦里津)이라고도 한다. 읍치로부터 서쪽으로 9리에 있다. 제당연(祭堂淵)의 하류이다〉

『토산』(土産)

청석(青石)·옥등석(玉燈石)·철(鐵)·칠(漆)·잣[해송자(海松子)]·오미자(五味子)·인삼(人蔘)·복령(茯笭)·송이버섯[송심(松蕈)]·석이버섯[석심(石蕈)]·벌꿀[봉밀(蜂蜜)]·영양(羚羊)·산누애뱀[백화사(白花蛇)]·누치[눌어(訥魚)]·열목어[여항어(餘項魚)]·붕어[즉어(鯽魚)]·지치[자초(紫草)]·삼[마(麻)] 등이다.

『장시』(場市)

읍내(邑內)의 장날은 5일과 10일이며 동면(東面)의 장날은 2일과 7일이고 서면(西面)의 장날은 3일과 8일이다

『누정』(樓亭)

심원정(心遠亭)

제2권

강원도
9읍

1. 강릉대도호부(江陵大都護府)

『연혁』(沿革)

　　본래 진한(辰韓)의 하슬라국(何瑟羅國)이었다.〈혹은 하서량(河西良)이라고도 한다〉후에 신라에서 취하여 하슬라주 군주(何瑟羅州軍主)를 두었다. 선덕여왕 8년(639)에 북소경(北小京)을 삼고〈사신(仕臣: 지방행정 특별구역인 5소경의 장관/역자주)과 사대사(仕大舍: 지방행정 특별구역인 5소경에 파견된 지방관리명으로 17관등 중 대나마(大奈麻: 10위 관등)~사지(舍知: 13위 관등)가 맡음/역자주)를 두었다〉무열왕 5년(658)에 북소경을 혁파하고 주(州)로 삼아,〈이 지역이 말갈(靺鞨)과 연접한 곳이기 때문이다〉도독(都督)을 두어 다스리게 하고, 하서정(河西停)이라 불렀다.〈군제(軍制)로서 한산정(漢山停)과 같으나 보기당(步騎幢)과 흑의장창당(黑衣長槍幢)이 없다〉경덕왕 16년(757)에 명주도독부(溟州都督府: 도독부는 신라와 당나라가 백제를 점령한 뒤 그 고토를 지배하기 위하여 설치한 지방최고 군사행정기구/역자주)로 고쳤다.〈이로써 신라 지방제도 9주(九州)를 갖추게 되었다. ○주(州) 1, 군(郡) 9, 현(縣) 25개를 다스렸다. ○도독부에는 속현이 4이니, 동제(棟堤), 지산(支山), 정선(旌善),동산(洞山)이다〉 원성왕 2년(786)에 김주원(金周元: 생몰년미상. 신라하대 진골귀족, 강릉김씨의 시조/역자주)을 명주군왕(溟州郡王)에 책봉하였다.〈명주를 나누어 익령(翼嶺)·삼척(三陟)·울진(蔚珍)·근을어(斤乙於)를 식읍(食邑: 국가에서 왕족·공신·봉작자 등에게 지급하던 일정한 지역, 또는 수조지(收租地) 내지 수조호(收租戶)/역자주)으로 주었다〉헌덕왕 14년(822)에 나라를 없앴다.〈4대 37년을 거쳤다. 자세한 것은 『역대제국(歷代諸國)』조에 있다〉 고려 태조 19년(936)에 동원경(東原京)으로 고쳤다.〈도원경(桃源京)·북빈경(北濱京)이라 칭하였다. ○대윤(大尹)과 소윤(少尹)을 두었다〉 동왕 23(940)년에 다시 명주(溟州)로 복원하였다. 성종 2년(983)에 하서부(河西府)로 바꾸고, 동왕 5년(985)에는 명주도호부(溟州都護府)로 하였으며, 동왕 11년(992)에는 목(牧)으로, 14년에는 단련사(團練使)로 바꾸었다. 현종 3년(1012)에는 강등하여 명주군방어사(溟州郡防禦使)로 개칭하여〈속현(屬縣)은 3이니, 우계(羽溪)·정선(旌善)·연곡(連谷)이다〉 동계(東界)에 속하게 하였다. 원종 원년(1260)에 경흥도호부(慶興都護府)로 승격되었다.〈공신(功臣) 김홍취(金洪就: 생몰년 미상, 고려후기 무신. 강릉김씨/역자주)의 고향이기 때문이다〉충렬왕 34년(1308)에 강릉부(江陵府)로 개칭하고, 공양왕 원년(1389)에 대도호부(大都護府)로 승격하였다. 조선 세조 때 진(鎭)을 두었으며, 효종 때는 현(縣)으로 강등하였다가 후에 다시 부로 승격하였다. 정조 6년(1782)에 현으로 낮추었다가, 동왕 15년(1791)에 도호부로 승격하였다.

「읍호」(邑號)

임영(臨瀛)·동온(東溫)·명원(溟源)이다.

「관원」(官員)

대도호부사(大都護府使) 1명을 두었다.

『고읍』(古邑)

연곡고현(連谷古縣)〈읍치로부터 북쪽으로 30리에 있다. 본래 양곡(陽谷)이었으나 경덕왕 16년(757)에 지산(支山)으로 고쳐 명주군(溟州郡)의 영현(領縣)으로 삼았다. 고려 태조 23년(940)에 연곡(連谷)으로 고쳤다가 현종 9년(1018)에 이곳 강릉에 속하게 하였다〉

우계고현(羽溪古縣)〈읍치로부터 남쪽으로 60리에 있다. 본래 우곡(羽谷)이었다. 달리 옥당(玉堂)이라고도 한다. 경덕왕 16년(757)에 우계(羽溪)로 바꾸어 삼척군(三陟郡)의 영현(領縣)으로 삼았다. 고려 현종 9년(1018)에 이곳 강릉에 속하게 하였다〉

동제고현(棟堤古縣)〈읍치로부터 서남쪽으로 65리, 임계역(臨溪驛)에 있다. 본래 신라 동토현(東土縣)이었다. 경덕왕 16년(757) 동제(棟堤)로 바꾸어 명주의 영현으로 삼았다가 고려 때 이곳 강릉에 속하게 하였다〉

○『고려사(高麗史)』지리지(地理志)를 보니 "명주는 본래 예국(濊國) 땅이었으나 한나라 무제(漢武帝)가 임둔군(臨屯郡)으로 삼았다"고 되어 있다. 『여지승람(輿地勝覽)』에도 그대로 이 설명을 따르고 있다. (그러나) 또 다른 기록에서는 "북부여(北扶餘)였으나 후에 가섭원(加葉原)으로 옮겨 동부여(東扶餘)가 되니 본 강릉부 역시 가섭원임을 가리킨다." 라고 하였다. 또 "임진(臨津)이 바로 임둔(臨屯)임을 가리킨다"고 하기도 한다. 이러한 말은 모두 신빙성이 없는 말일 뿐이다. 본래 진한(辰韓)에는 여러 나라가 있어 동한(東漢) 때에 이미 신라에 병합되어 있었다. 후대 사람들이 부질없이 예맥·임둔·부여로 구구히 나누어 견강부회한 말이니 어찌 잘못된 것이 아닌가? 〈(신라) 파사왕이 실직국(悉直國)을 강등하고, 국왕의 비열홀을 순수한 것은 모두 동한(東漢)부터 진초(晉初)에 있었던 일이다〉

『산수』(山水)

오대산(五臺山)〈읍치로부터 서북쪽으로 140리에 있다. 혹은 청량산(淸凉山)이라고도 한다. 5개의 봉우리가 빙 둘러 고리처럼 벌려있으며, 크고 작은 것이 고르게 솟아 있다. 동쪽은 만월(滿月)이요, 남쪽은 기린(麒麟)이며, 서쪽은 장령(長嶺)이며, 북쪽은 상왕(象王)이며, 가운데는 지노(智爐)이니 이를 일컬어 오대(五臺)라 한다. 각 봉우리마다 암자가 1개씩 있다. 수많은 바위와 골짜기가 첩첩이 깊은 계곡을 이루어 옷감을 수 백 리나 펼쳐놓은 것 같다. 서쪽으로는 애오라지 만산에서 연기가 피어오르고, 동쪽에는 푸른 바다가 푸른 숲을 안고 있는 듯하다. 땅은 매우 높고 시원하기가 마치 다른 세상에 온 듯하다. ○월정사(月精寺)가 중대(中臺) 아래에 있다. 상원사(上元寺)가 월정사 위에 있다. 태종 원년(1401)에 태조가 이곳에 행차하니 권근(權近: 1352~1409)이 기문(記文)을 지었다. 세조 11년(1465)에 왕이 이곳에 행차하여 동구(洞口)의 어림대(御林臺)에서 쉰 것을 기념하여 과거(科擧)를 열었다〉

보현산(普賢山)〈읍치로부터 서쪽으로 35리에 있다〉

월정산(月正山)〈읍치로부터 동쪽으로 6리에 있다〉

화부산(花浮山)〈읍치로부터 북쪽으로 3리에 있다〉

소은백이산(所隱栢伊山)〈읍치로부터 서쪽으로 65리에 있다〉

청학산(靑鶴山)〈읍치로부터 서북쪽으로 80리에 있다. ○청학동(靑鶴洞) 위 아래 10여 리의 양쪽 언덕은 높고 물은 깊어 마치 큰 항아리를 겹쳐놓은 듯하여 여울이 층을 이루며 흘러간다. ○촉운봉(矗雲峰)이 우러러보이게 우뚝 솟아있는 모습이 가히 경외롭다. ○천유동(天游洞)이 아득하고 고요하게 첩첩이 있다. ○구룡연(九龍淵)은 하나의 못마다 하나의 폭포가 있고 폭포마다 서로 못이 이어져 층계를 이루어 마치 구슬을 꿰어놓은 듯한데 그 처음과 끝이 백여 보나 된다. ○용연사(龍淵寺)가 있다〉

소우음산(所亏音山)〈사람들이 발음봉(鉢音峰)이라고 부른다. 읍치로부터 서쪽으로 80리에 있다〉

해영산(海靈山)〈읍치로부터 동쪽으로 25리에 있다〉

담정산(淡定山)〈읍치로부터 남쪽으로 30리에 있다〉

사화산(沙火山)〈읍치로부터 북쪽으로 30리에 있다〉

주문산(注文山)〈읍치로부터 북쪽으로 40리에 있다〉

소동산(所同山)〈읍치로부터 동쪽으로 7리에 있다〉

어달산(於達山)〈읍치로부터 남쪽으로 80리에 있다〉

오근산(吾斤山)〈읍치로부터 남쪽으로 35리에 있다〉

두타산(頭陀山)〈읍치로부터 서쪽으로 90리에 있다〉

주왕산(住王山)〈읍치로부터 서쪽으로 120리에 있다〉

연방산(燕方山)〈읍치로부터 서쪽으로 160리에 있다. 매우 깊고 첩첩 산중이다〉

방태산(方泰山)〈연방산(燕方山)의 서북쪽 지류이다. 웅장하고 크고 깊으나 막혀있다. 춘천 기린(春川基麟)과의 경계이다〉

대화석굴(大和石窟)〈읍치로부터 서쪽으로 140리에 있다. 대화역(大和驛)의 북쪽이다〉

봉평(蓬坪)〈혹은 대은동(大隱洞)이라고도 한다. 읍치로부터 서쪽으로 180리에 있다. 골짜기 가운데는 광활하고 토지가 비옥하여 가히 농사지을 만하다. 도로가 험절하나 간간이 사람들이 살고 있다〉

구산동(邱山洞)〈읍치로부터 서쪽으로 25리에 있다. 물과 바위가 절경을 이루고 있다〉

「영로」(嶺路)

대관령(大關嶺)〈읍치로부터 서쪽으로 45리에 있다. 상하의 총 길이는 거의 40리가 된다. 가파르고 높고 깊어 후인들이 이 고개를 가리켜 『한서(漢書)』에서 말하는 "단단대령(單單大嶺)"이라고 보고 강릉을 가리켜 예맥(濊貊), 임둔(臨屯)이니 하였으나 모두 잘못된 것이다〉

원읍현(員泣峴)〈읍치로부터 서쪽으로 40리에 있다. 대관령(大關嶺)의 요지이다〉

목계령(木溪嶺)〈혹은 삽운령(揷雲嶺)이라고도 한다. 읍치로부터 남쪽으로 50리에 있다〉

이현(泥峴)〈읍치로부터 서쪽으로 70리에 있다. 사고(史庫)로 가는 지름길이다〉

모노현(毛老峴)〈읍치로부터 서쪽으로 125리에 있다〉

내구미치(內仇未峙)〈읍치로부터 서쪽으로 180리에 있다〉

구미치(仇未峙)〈읍치로부터 서쪽으로 200리에 있다. 횡성(橫城)과의 경계이다〉

독현(禿峴)〈읍치로부터 서쪽으로 180리에 있다〉

백현(栢峴)〈읍치로부터 서쪽으로 200리에 있다. 홍천(洪川)과의 경계이다〉

화비현(火飛峴)〈읍치로부터 남쪽으로 35리에 있다. 고개 위의 흙이 검기가 마치 숯 같다. 고개는 높으나 험하지 않다〉

삽현(鈒峴)〈읍치로부터 서남쪽으로 60리에 있다. 정선(旌善) 가는 길이다〉

○동해바다(東海)〈읍치로부터 동쪽으로 10리에 있다. ○문수사(文殊寺)가 해안에 있다.

등명사(燈明寺)가 동남쪽으로 30리에 해안에 있다〉

남천(南川)〈물의 근원은 대관령(大關嶺)·삽운령(揷雲嶺)·삽현(鈒峴)에서 나온 물이 합쳐지는 데서 시작하여 동쪽으로 흘러 송악연(松嶽淵)이 되고 광제연(廣濟淵)이 되어 읍의 남쪽을 지나 바다로 들어간다〉

사천(沙川)〈혹은 방임천(芳林川)이라고도 한다. 자세한 설명은 평창(平昌)조에 있다〉

경포호(鏡浦湖)〈읍치로부터 동북쪽으로 15리에 있다. 호의 둘레는 20리이다. 물이 맑기가 거울 같으며 깊지도 얕지도 않아 겨우 사람의 잠길 만하다. 4면의 중앙 서쪽으로 하나의 봉우리가 있는데 봉우리 위에는 평평한 대(臺)가 있다. 대의 두둑에는 약을 달이는 돌절구가 있다. 포의 동쪽 입구에는 강문교(江門橋)가 있다. 다리 밖에는 죽도(竹島)가 있으며 죽도 북쪽에는 백사장이 5리에 펼쳐있다. 백사장 밖에는 푸른 바다가 만리 나 펼쳐있다. 호반(湖畔)에는 정자가 있다. 조선 태조와 세조가 관동(關東)을 순행할 때 이곳에서 어가를 쉬고 머물렀다〉

우통수(于筒水)〈읍치로부터 서쪽으로 150리에 있다. 오대산 서쪽 봉우리[서대(西臺)] 아래에 있다. 단물이 용출하며 물색과 물맛이 뛰어나 한강(漢江)의 제1 발원지이다〉

금강연(金剛淵)〈읍치로부터 서쪽으로 110리에 있다. 월정사(月精寺) 곁 우통수(于筒水) 하류이다. 4면이 모두 반석(盤石)이 있어 이곳의 못이 흘러 폭포가 급히 흐른다. 봄이 되면 열목어[여항어(餘項魚)]가 수백, 수천 마리가 모여 강물을 거슬러 올라간다〉

횡계(橫溪)〈횡계역(橫溪驛) 남쪽에 있다. 물의 근원은 대관령(大關嶺)과 오대산(五臺山)에서 시작되어 임계(臨溪)를 지나 서남쪽으로 흘러 정선(旌善) 땅에 이르러 금강연(金剛淵)의 하류에서 합쳐진다. ○땅이 매우 높고 험하며 매년 겨울이면 눈이 수십 길이나 쌓였다가 3월이 되어서야 녹기 시작한다. 8월 여름에 서리가 내리니 이곳 주민들은 구맥(瞿麥)을 심어 산다〉

임계(林溪)〈횡계(橫溪) 하류이다. 산 중에는 약간의 평지가 있다 또 논[수전(水田)]이 있다. 골짜기의 암석이 이룬 경치가 뛰어나다〉

향호(香湖)〈읍치로부터 북쪽으로 50리에 있다〉

연곡포(連谷浦)〈읍치로부터 북쪽으로 35리에 있다. 물의 근원은 오대산(五臺山)에서 시작되어 동쪽으로 흘러 동해로 들어간다〉

주문포(注文浦)〈읍치로부터 북쪽으로 40리에 있다. 물의 근원은 청학동(靑鶴洞)·구룡연(九龍淵)·천유동(天游洞)에서 시작되어 동해바다로 들어간다〉

「도서」(島嶼)

견조도(堅造島)〈읍치로부터 동쪽으로 10리에 있다. 남천(南川)이 바다로 들어가는 입구에 있다〉

죽도(竹島)〈경포(鏡浦)의 강문교(江門橋) 동쪽에 있다〉

『방면』(坊面)

남일리면(南一里面)〈읍치로부터 10리에서 끝난다〉

남이리면(南二里面)〈읍치로부터 15리에서 끝난다〉

북일리면(北一里面)〈읍치로부터 10리에서 끝난다〉

북이리면(北二里面)〈읍치로부터 10리에서 끝난다〉

덕방면(德方面)〈읍치로부터 남쪽으로 10리에서 끝난다〉

구경면(邱耕面)〈읍치로부터 남쪽으로 10리에서 시작하여 80리에서 끝난다〉

가자곡면(可資谷面)〈읍치로부터 남쪽으로 10리에서 시작하여 80리에서 끝난다〉

우계면(羽溪面)〈읍치로부터 남쪽으로 50리에서 시작하여 90리에서 끝난다〉

임계면(臨溪面)〈읍치로부터 서남쪽으로 70리에서 시작하여 120리에서 끝난다〉

성산면(城山面)〈읍치로부터 북쪽으로 10리에서 시작하여 30리에서 끝난다〉

하동면(下洞面)〈읍치로부터 북쪽으로 10리에서 시작하여 15리에서 끝난다〉

가남면(嘉南面)〈읍치로부터 북쪽으로 10리에서 시작하여 20리에서 끝난다〉

사화면(沙火面)〈읍치로부터 북쪽으로 20리에서 시작하여 25리에서 끝난다〉

연곡면(連谷面)〈읍치로부터 북쪽으로 30리에서 시작하여 40리에서 끝난다〉

신리면(新里面)〈읍치로부터 북쪽으로 40리에서 시작하여 60리에서 끝난다〉

도암면(道岩面)〈읍치로부터 북쪽으로 40리에서 시작하여 70리에서 끝난다〉

내면(內面)〈읍치로부터 서북쪽으로 160리에서 시작하여 200리에서 끝난다〉

대화면(大和面)〈읍치로부터 서쪽으로 140리에서 시작하여 200리에서 끝난다〉

진부면(珍富面)〈읍치로부터 서쪽으로 80리에서 시작하여 120리에서 끝난다〉

사각부곡(史各部曲)〈읍치로부터 남쪽으로 20리에 있었다〉

선명소(船名所)〈읍치로부터 동쪽으로 6리에 있었다〉

『성지』(城池)

읍성(邑城)〈중종 7년(1512)에 다시 쌓았다. 성의 둘레는 2,782척이다. 4개의 문이 있고, 우물이 14개이고, 못[지(池)]이 2개이다〉

부동고성(府東古城)〈성의 둘레는 3,484척이다〉

우계고성(羽溪古城)〈우계고현(羽溪古縣)의 읍치로부터 서쪽으로 2리에 있다. 성의 둘레는 451척이다〉

보현산고성(普賢山古城)〈읍치로부터 서쪽으로 40리에 있다. 성의 둘레는 1,707척이다〉

청학산고성(靑鶴山古城)〈청학산(靑鶴山)의 동쪽에 있다. 성의 둘레가 1,200척이다〉

고려 덕종 3년(1034)에 명주성(溟州城)을 수리하였다.

『진보』(鎭堡)

「혁폐」(革廢)

안인포진(安仁浦鎭)〈읍치로부터 동남쪽으로 25리에 있다. 수군만호(水軍萬戶: 조선시대 각도에 설치되었던 수군 제진(諸鎭)의 장(將)으로 종4품 무관직/역자주)를 두었다. 성종 21년(1490)에 양양대포(襄陽大浦)로 옮겼다〉

『방수』(防守)

영평수(寧平戍)·해령수(海令戍)〈모두 읍치로부터 동쪽으로 10리에 있다〉

화성수(化城戍)·사화수(沙火戍)〈모두 읍치로부터 북쪽으로 20리에 있다〉

철옹수(鐵甕戍)〈어디에 있는지 알 수 없다〉

연곡포(連谷浦)·주문진(注文津)·오진(梧津)〈읍치로부터 남쪽으로 90리에 있다. 3곳 모두 척후(斥候: 군사를 보내 적의 동태를 미리 알아봄/역자주)를 보는 곳이다〉

『창고』(倉庫)

동창(東倉)〈임계면(臨溪面)에 있다〉

서창(西倉)〈진부면(珍富面)에 있다〉

우계창(羽溪倉)

연곡창(連谷倉)

대화창(大和倉)

내면창(內面倉)〈읍치로부터 130리에 있다〉

『역참』(驛站)

임계역(臨溪驛)〈우계(羽溪)로부터 서쪽으로 40리에 있다〉

고단역(高端驛)

횡계역(橫溪驛)〈읍치로부터 서쪽으로 60리에 있다〉

진부역(珍富驛)〈읍치로부터 서쪽으로 100리에 있다〉

대화역(大和驛)〈옛날에는 대화역(大化驛)이라 하였다. 읍치로부터 서쪽으로 150리에 있다〉

방림역(芳林驛)〈읍치로부터 서쪽으로 170리에 있다〉

운교역(雲校驛)〈옛날에는 운교역(雲橋驛)이라 하였다. 읍치로부터 서쪽으로 190리에 있다. 이상 7개의 역은 모두 보안도(保安道)에 속해있다〉

낙풍역(樂豊驛)〈우계(羽溪)로부터 동쪽으로 5리에 있다〉

안인역(安仁驛)〈읍치로부터 남쪽으로 20리에 있다〉

대창역(大昌驛)〈읍치로부터 동쪽으로 5리에 있다〉

목계역(木溪驛)〈옛날에는 목계역(木界驛)라 하였다. 읍치로부터 남쪽으로 50리에 있다〉

구산역(邱山驛)〈읍치로부터 서쪽으로 20리에 있다〉

동덕역(冬德驛)〈옛날에는 동덕역(同德驛)이라 하였다. 읍차로부터 북쪽으로 40리에 있다. 이상 6개 역은 평릉도(平陵道)에 속해있다〉

『토산』(土産)

활 만드는 뽕나무[궁간상(弓幹桑)]·화살대[전죽(箭竹)]·잣[해송자(海松子)]·오미자(五味子)·자단(紫檀)·기장[황양(黃楊)]·인삼(人蔘)·복령(茯笭)·지치[자초(紫草)]·송이버섯[송심(松蕈)]·석이버섯[석심(石蕈)]·벌꿀[봉밀(蜂蜜)]·탱자나무열매[지실(枳實)]·종유석[석종유(石鍾乳)]·하수오(何首烏)·산무애뱀[백화사(白花蛇)]·해달(海獺)·소금[염(鹽)]·미역[곽(藿)]·참가사리[세모(細毛)]·김[해의(海衣)]·해삼(海蔘)·전복[복(鰒)]·홍합(紅蛤)·문어(文魚)·삼치[마어(麻魚)]·방어(魴魚)·광어(廣魚)·적어(赤魚)·고등어[고도어(古刀魚)]·대구어(大口魚)·황어(黃魚)·연어(鏈魚)·송어(松魚)·도루묵[은구어(銀口魚)]·누치[눌어(訥魚)]·열

목어[여항어(餘項魚)]·세조개[회세합(回細蛤)]·적곡(積穀)〈경포(鏡浦)에서 난다〉·순채(蓴
菜)·삼[마(麻)]

○황장봉산(黃腸封山)〈1곳이다〉

『장시』(場市)

읍내(邑內)의 장날은 2일과 7일이며 연곡(連谷)의 장날은 3일과 8일이다. 우계(羽溪)의 장
날은 4일과 9일이며 진부(珍富)의 장날은 3일과 8일이다. 대화(大和)의 장날은 4일과 9일이며
봉평(蓬坪)의 장날은 2일과 7일이다.

『궁실』(宮室)

선원각(璿源閣)·실록각(實錄閣)·사고(史庫)〈모두 오대산(五臺山) 상원암(上元庵)에 있
다. 선조 39년(1606)에 새로 역대 실록(實錄)을 인쇄하여 이곳에 보관하였다. ○참봉(參奉: 조
선시대 각 관아의 종9품의 관직/역자주) 2사람을 두었다〉

『묘전』(廟殿)

집경전(集慶殿)〈경주(慶州)로부터 이곳 강릉으로 옮겨 태조 어진(太祖御眞: 태조 이성계의
초상화)을 봉안하였다. 참봉(參奉) 2명을 두었다. 인조 9년(1631)에 화재로 인해 폐지되었다〉

『누정』(樓亭)

의운루(倚雲樓)〈부(府) 안에 있다〉

경포대(鏡浦臺)〈경포호(鏡浦湖) 가에 있다〉

해송정(海松亭)〈경포호 남쪽에 있다〉

한송정(寒松亭)〈읍치로부터 동쪽으로 15리 해변에 있다. 정자 곁에는 차샘[다천(茶泉)·돌
아궁이[석조(石竈)]·돌절구[석구(石臼)·석지(石池)가 있다〉

허리대(許李臺)〈읍치로부터 남쪽으로 25리 해안에 있다. 100여 명이 앉을 수 있는 평평하
고 넓은 바위가 있다〉

『전고』(典故)

　신라 내물왕(奈勿王) 42년(397)에 북변(北邊)의 하슬라주(何瑟羅州)에 가뭄[한해(旱害)]과 황충(蝗蟲)이 들어 흉년이 드니 백성들이 굶주렸다. 눌지왕(訥祗王) 34년(450)에 고구려〈장수왕 38년(450) 때에 수도 지금의 평양(平壤)〉변방 장수가 실직(悉直)〈삼척(三陟)〉평원으로 사냥을 나오니 하슬라 성주(何瑟羅城主) 삼직(三直)이 군사를 내어 덮쳐 그를 죽였다. 이에 고구려왕이 노하여 서쪽 변방을 침략해 오니 (신라) 왕이 자신을 낮추어 폐물을 가지고 가서 사과를 하고 돌아왔다. 문무왕(文武王) 5년(665) 일선주(一善州)와 거열주(居列州)의 주민이 하서주(河西州)로 군수품과 식량을 가지고 왔다. 진성왕(眞聖王) 8년(894) 궁예(弓裔)가 북원(北原)으로부터 하슬라주로 들어왔는데 무리가 600여 명에 달하였으며, 자칭 장군(將軍)이라 하였다. 경명왕(景明王) 6년(922) 명주장군(溟州將軍) 순식(順式: 본명은 김순식/역자주)이 고려에 항복하였다. ○고려 현종(1029)에 동여진(東女眞)이 배 10척을 노략하고, 명주(溟州)에 쳐들어오니 병마판관(兵馬判官) 김후(金厚)가 공격하여 물리쳤다. 명종 24년(1194)에 동경(東京: 경주(慶州))의 반란민 김사미(金沙彌)가 스스로 행궁(行宮)으로 들어가 항복을 청하니 이를 참수하였다. 장군 사량주(史良柱)가 남적(南賊: 고려 후기 남쪽지방에서 일어난 반란민을 통칭하여 일컫는 호칭/역자주)을 쳐서 죽였다. 좌도병마사(左道兵馬使) 최인(崔仁)이 날쌘 군사 수천 명을 이끌고 적과 싸웠다. 강릉성에 이르러 복병을 하고 적이 오기를 기다렸다가 추격하여 105명의 머리를 베었다. 신종 2년(1199)에 명주(溟州)에 반란이 일어났다.〈삼척(三陟)과 울진(蔚珍)을 함락하였다〉고종 4년(1217)에 거란병이 제주(堤州)로부터 패하여 동쪽으로 도망해와 명주(溟州) 대관산령(大關山嶺)을 넘어오니 중군(中軍)과 좌군(左軍)의 전군(前軍)이 추격하여 명주 모노원(毛老院)까지 이르러 퇴패시켰다. 이에 거란병이 명주를 포위하고 그 다음날 4군이 강주(剛州)〈영주(榮州)〉에 주둔하였다. 공민왕 21년(1372)에 왜구가 강릉(江陵)에 쳐들어오니〈영덕현(盈德縣)과 덕원현(德原縣)에도 쳐들어왔다〉여러 군사들이 바람에 쓰러지듯 붕괴되고 이옥(李沃: ?~1409)만이 힘써 싸워 왜구를 물리쳤다. 동왕 23년(1374)에 왜구가 강릉에 쳐들어 왔다. 우왕 7년(1381) 왜구가 강릉도(江陵道)에 쳐들어오니 남시좌(南時佐)와 권현룡(權玄龍: ?~1386)을 보내 가서 맞아 물리쳤다. 마침 당시 강릉도에 크게 기근이 들어 방비가 매우 허술하니 이숭(李崇)을 보내 교주도의 병사(交州道兵)를 이끌고 그들을 돕게 하였다. 동왕 8년(1382) 왜구가 우계(羽溪)와 강릉도에 쳐들어오니 상원수(上元帥: 고려시대에 군대가 동원될 때 이를 통솔하던 최고 지휘관/역자주) 조인벽(趙仁璧: ?~1393)과 부장(副將) 권현룡(權玄龍)을 보내 왜구와 싸우게 하니 30명의 목을 베었다. 동왕 9년(1383) 왜구가 강릉부(江陵府)와 속현(屬縣)에 쳐들어오니 강릉도도체찰사(江陵道都體察使) 최공철(崔公哲)이 방림역(芳林驛)에 왜적을 만나 8명의 목을 베고 그들의 무기와 말 59필을 빼앗았다. 공양왕 기사년(1389) 11월에 폐위시켰던 우왕을 여흥(驪興: 경기도 여주(驪州)의 이칭/역자주)에서 강릉으로 옮겨왔다. 12월에는 정당문학(政堂文學: 국가 행정을 총괄하던 정2품 관직) 서균형(徐鈞衡: ?~1391)을 강릉으로 보내 우왕을 죽였다.

　　○조선 태종 때 왜구가 강원도(江原道)에 쳐들어와 노략하니 신유정(辛有定: 1347~1426)을 보내 금병(禁兵: 궁중을 지키고 임금을 호위 경비하던 군대)을 이끌고 싸우게 하고 인하여 강릉부사(江陵府使)를 삼았다.

2. 삼척대도호부(三陟大都護府)

『연혁』(沿革)

　　본래 진한(辰韓)의 실직국(悉直國)이었다.〈혹은 실직속국(悉直屬國)이라고도 한다〉신라 파사왕 23년(102)에 항복해왔다. 지증왕 6년(505)에 실직주군주(悉直州軍主)를 두었다.〈김이사부(金異斯夫)를 군주(軍主)로 삼았다〉후에 실직정(悉直停)을 두었다. 무열왕 5년(658)에 실직정을 폐지하고 북진(北鎭)으로 삼았다. 문무왕 원년(661)에 총관(摠管)으로 고쳤다. 원성왕 원년(785)에 도독(都督)이라고 칭하였다. 경덕왕 16년(757)에 삼척군(三陟郡)으로 고쳤다.〈명주도독부(溟州都督府)에 예속시켰다. ○영현(領縣)은 4이니, 죽령(竹嶺)·만경(滿卿)·해리(海利)·우계(羽溪)이다〉고려 태조 23년(940)에 척주(陟州)로 고치고, 성종 14년(985)에 단련사(團練使)를 두었다. 현종 9년(1012)에는 삼척현령(三陟縣令)으로 강등하였다.〈동계(東界)에 속하게 하였다〉공민왕 때에 안집중낭장(安集中郎將)을 두었다. 우왕 3년(1377)에 지군사 겸 만호(知郡事兼萬戶)로 고쳤다. 조선 태조 때 목조(穆祖: 태조 이성계의 증조 이름은 이안사(李安社)/역자주)의 외향(外鄕)이라 하여 부사(府使)로 승격하고 첨절제사(僉節制使)를 겸하게 하였다. 태종 13년(1413)에 도호부(都護府)로 고쳤다가 세종 3년(1421)에 병마사(兵馬使)를 두고 이어 부사(府使)를 겸하게 하였다.〈이듬해(1422) 병마사(兵馬使)는 없앴다〉

진주(眞珠)이다.

「관원」(官員)

대도호부사(大都護府使) 1명을 두었다.

『고읍』(古邑)

죽령 고현(竹嶺古縣)〈읍치로부터 서쪽으로 45리에 있다. 본래 내생(奈生)이었으나 후에 죽현(竹峴)으로 고쳤다. 신라 경덕왕 16년(757)에 죽령(竹嶺)으로 고쳐 삼척군의 영현으로 삼았다. 고려 때도 그대로 삼척의 속현이 되었다〉

만향 고현(滿鄕古縣)〈읍치로부터 남쪽으로 25리에 있는 교가역(交柯驛) 곁에 있다. 경덕왕 16년(757)에 만향(滿鄕:『輿地圖書』강원도 삼척부(三陟府) 고적(古迹)조에서는 향(鄕)을 경(卿)으로도 쓴다고 하였다/역자주)으로 바꾸어 삼척군의 영현으로 삼았다. 고려 때도 그대로 삼척의 속현이 되었다〉

해리 고현(海利古縣)〈읍치로부터 남쪽으로 100리에 있는 옥원역(沃源驛) 곁에 있다. 본래 파리현(波利縣)이었다. 경덕왕 16년(757)에 해리(海利)로 바꾸어 삼척군의 영현으로 삼았다가 고려 때도 그대로 삼척의 속현이 되었다〉

『산수』(山水)

갈야산(葛夜山)〈읍치로부터 북쪽으로 2리에 있다〉

태백산(太白山)〈읍치로부터 서남쪽으로 120리에 있다. 안동(安東)과 봉화(奉化) 2읍과의 경계이다〉

두타산(頭陀山)〈읍치로부터 서쪽으로 45리에 있다. 산 허리에 돌우물 50곳이나 있다. 높은 봉우리와 깊은 골짜기가 많다. ○중대사(中臺寺)와 삼화사(三和寺)가 있다〉

양야산(陽野山)〈읍치로부터 남쪽으로 20리 해안에 있다. 석벽(石壁)이 빽빽하게 있다〉

광진산(廣津山)〈읍치로부터 동쪽으로 6리에 있다〉

청옥산(靑玉山)〈읍치로부터 서쪽으로 35리에 있다〉

마읍산(麻邑山)·진범산(陳凡山)〈모두 읍치로부터 서남쪽으로 100리에 있다〉

말흔산(末欣山)〈읍치로부터 서남쪽으로 120리에 있다〉

근산(近山)〈읍치로부터 남쪽으로 15리에 있다〉

대박산(大朴山)〈읍치로부터 서쪽으로 90리에 있다〉

창옥봉(蒼玉峰)〈읍치로부터 서쪽으로 100리에 있다〉

토산(兎山)〈읍치로부터 서쪽으로 70리에 있다〉

울둔산(鬱屯山)〈읍치로부터 서쪽으로 90리에 있다. 이상 4산은 정선(旌善)과의 경계이다〉

영은산(靈隱山)〈읍치로부터 남쪽으로 30리에 있다〉

삼수산(三水山)〈읍치로부터 남쪽으로 60리에 있다〉

중무산(中無山)〈읍치로부터 서남쪽으로 70리에 있다〉

승정산(僧井山)〈읍치로부터 서남쪽으로 60리에 있다〉

흥운산(興雲山)〈읍치로부터 서쪽으로 25리에 있다〉

군천산(君川山)〈읍치로부터 서남쪽으로 30리에 있다〉

소달산(所達山)〈읍치로부터 서쪽으로 50리에 있다〉

우두산(牛頭山)〈읍치로부터 남쪽으로 90리에 있다〉

백병산(白屛山)〈읍치로부터 남쪽으로 100리에 있다. 울진(蔚珍)과의 경계이다〉

갈전산(葛田山)〈읍치로부터 서쪽으로 70리에 있다〉

가곡산(可谷山)〈읍치로부터 남쪽으로 100리에 있다〉

임원산(臨院山)〈읍치로부터 남쪽으로 80리에 있다〉

초곡산(草谷山)〈읍치로부터 남쪽으로 50리에 있다〉

용산동(龍山洞)〈읍치로부터 북쪽으로 30리에 있다〉

릉파대(凌波臺)〈읍치로부터 동쪽으로 10리 해안에 있다. 돌 몇 무더기가 물 속에 세워져 있는데 그 높이는 5~6장(丈)이 넘는다. 그 언덕 위에는 수 십 명이 앉아 있을 수 있다〉

소공대(召公臺)〈와현(瓦峴) 위에 있다. 정승[상국(相國)] 황희(黃喜: 1363~1452)가 쉬었던 곳이다〉

「영로」(嶺路)

유령(楡嶺)〈혹은 우보산(牛甫山)이라고도 한다. 읍치로부터 서쪽으로 100리에 있으며 안동(安東)과 봉화(奉化)로 가는 통로이다〉

백복령(白福嶺)〈세상에서는 희복령(希福嶺)이라고 부른다. 읍치로부터 서쪽으로 50리에 있다. 정선(旌善)과 통하는데 고개가 높고 험하다〉

건의령(巾衣嶺)〈읍치로부터 서쪽으로 70리에 있다. 영월(寧越)로 가는 길이다〉

갈령(葛嶺)〈읍치로부터 남쪽으로 100리에 있다. 울진(蔚珍)으로 가는 길인데 길이 평이하다〉

고석령(孤石嶺)〈읍치로부터 서쪽으로 110리에 있다. 길이 매우 좁고 험하다. 안동(安東)과 춘양(春陽)의 서쪽으로 통하고, 영천(榮川) 예불령(禮佛嶺)의 북쪽으로 통한다〉

당지현(唐旨峴)〈읍치로부터 북쪽으로 40리에 있다. 강릉(江陵)과 통한다〉

와현(瓦峴)〈읍치로부터 남쪽으로 80리에 있다. 울진(蔚珍)으로 가는 길이다〉

대치(大峙)〈읍치로부터 남쪽으로 10리에 있다〉

○동해바다(東海)〈읍치로부터 동쪽으로 8리에 있다〉

오십천(五十川)〈물의 근원은 유령(楡嶺)에서 시작되어 동북쪽으로 흘러 우회해 끊겨 47리를 가서 죽서루(竹西樓) 아래로 흘러 돌아서 연(淵)이 되어 삼척부 남동쪽을 지나 삼척포(三陟浦)가 되어 동해 바다로 들어간다〉

죽현천(竹峴川)〈읍치로부터 서쪽으로 60리에 있다. 정선(旌善)조에 자세한 설명이 있다〉

아곡천(阿谷川)〈읍치로부터 서쪽으로 50리에 있다. 물의 근원은 두타산(頭陀山)에서 시작되어 죽현천(竹峴川)에서 합쳐진다〉

추탄천(楸灘川)〈읍치로부터 남쪽으로 45리에 있다. 물의 근원은 삼수산(三水山)에서 시작되어 동쪽으로 흘러 동해 바다로 들어간다〉

마귀천(麻歸川)〈옥원천(沃原川)의 상류 발원처이다〉

노동천(蘆洞川)〈혹은 교가천(交柯川)이라고도 한다. 물의 근원은 마읍산(麻邑山)에서 시작되어 동쪽으로 흘러 교가역(交柯驛) 남쪽을 지나 바다로 들어간다〉

무릉계(武陵溪)〈읍치로부터 북쪽으로 20리에 있다. 물의 근원은 두타산(頭陀山)에서 시작되어 동쪽으로 흘러 북진(北津)이 되고 바다로 흘러 들어간다〉

고자진(古自津)〈오십천(五十川)이 흘러 바다로 들어가는 곳이다〉

대진(大津)〈추탄천(楸灘川)이 흘러 바다로 들어가는 곳이다〉

황지(黃池)〈읍치로부터 서남쪽으로 110리에 있다. 태백산(太白山)의 동쪽 지류로서 샘이 용출하여 큰 못을 이룬다. 그 물이 남쪽으로 30여 리를 흘러 조그만 산의 남쪽을 뚫고 나가니 이를 일컬어 천천(穿川)이라고 한다. 곧 안동부(安東府)와의 경계이다. 남쪽으로 흘러 낙동강(洛東江)의 수원이다. ○못[지(池)] 위에는 목조(穆祖: ?~1274. 태조 이성계의 고조부. 이름은 이안사(李安社)/역자주)의 옛터가 있는데 이름하여 활기촌(活耆村)이다. 선원보(璿源譜)

에 이르기를 "목조가 일찍이 원수를 피해 가족을 이끌고 황지(黃池)에서 삭정(朔庭)으로 옮겨 왔음으로 드디어 황지의 선영을 잃었다고 한다" 자세한 설명은 덕원 용주리(德源湧州里)조에 있다〉

「도서」(島嶼)

덕산도(德山島)〈읍치로부터 남쪽으로 23리에 있다. 교가역(交柯驛) 동쪽에 있다〉

만노봉(萬弩峰)〈삼척포(三陟浦) 입구 동쪽에 있다. 바위로 된 봉우리가 해변에 열지어 서 있는 것이 마치 창을 꽂아 놓은 듯하다〉

『방면』(坊面)

부내면(府內面)〈읍치로부터 10리에서 끝난다〉

견박곡면(見朴谷面)〈읍치로부터 북쪽으로 10리에서 시작하여 20리에서 끝난다〉

미노리면(味老里面)〈읍치로부터 서쪽으로 10리에서 시작하여 30리에서 끝난다〉

노동면(蘆洞面)〈읍치로부터 서남쪽으로 15리에서 시작하여 50리에서 끝난다〉

소달면(所達面)〈읍치로부터 서쪽으로 40리에서 시작하여 80리에서 끝난다〉

북상면(北上面)〈읍치로부터 20리에서 시작하여 40리에서 끝난다〉

북하면(北下面)〈읍치로부터 25리에서 시작하여 40리에서 끝난다〉

근덕면(近德面)〈읍치로부터 남쪽으로 10리에서 시작하여 50리에서 끝난다〉

원덕면(遠德面)〈읍치로부터 남쪽으로 50리에서 시작하여 110리에서 끝난다〉

상장성면(上長省面)〈읍치로부터 서남쪽으로 40리에서 시작하여 130리에서 끝난다〉

하장성면(下長省面)〈읍치로부터 서쪽으로 10리에서 시작하여 90리에서 끝난다〉

말곡면(末谷面)〈읍치로부터 10리에서 끝난다〉

『성지』(城池)

읍성(邑城)〈성의 둘레는 2,054척이다. 3면을 돌로 쌓았으며, 서쪽은 절벽이다. 둘레가 431척이다〉

해리고현성(海利古縣城)〈옥원역(沃原驛) 곁에 있다. 성의 둘레는 507척이다〉

만향고현성(滿鄕古縣城)〈교가역(交柯驛) 곁에 있다〉

죽령고현성(竹嶺古縣城)〈두타산(頭陀山)에 있다. 읍치로부터 서쪽으로 45리에 있다. 조선

태종 13년(1413)에 험하다 하여 성을 다시 쌓았다. 성의 둘레는 8,607척이다〉

갈야산고성(葛夜山古城)·오화리고성(吾火里古城)〈읍치로부터 남쪽으로 9리에 있다. 고려 우왕 10년(1384)에 축성하였다. 성의 둘레가 1,870척이다. 샘[천(泉)]이 하나있다〉

고려 정종(定宗) 2년(947)에 삼척에 성을 쌓았다.

『진보』(鎭堡)

삼척포진(三陟浦鎭)〈읍치로부터 동쪽으로 8리에 있다. 중종 15년(1520)에 성을 쌓았다. 성의 둘레는 900척이다. ○수군첨절제사(水軍僉節制使) 1명이 우영장(右營將)을 겸한다〉

『방수』(防守)

동진수(桐津戍)·임원수(臨遠戍)〈모두 어디에 위치했는지 알 수 없다〉

장오리포(藏吾里浦)〈읍치로부터 남쪽으로 60리에 있다. 옛날에는 척후(斥候)를 두었다〉

『역참』(驛站)

평릉도(平陵道)〈읍치로부터 북쪽으로 40리에 있다. 찰방(察訪)은 교가역(交柯驛)으로 옮겨두었다〉

사직역(史直驛)〈읍치로부터 남쪽으로 3리에 있다〉

교가역(交柯驛)〈읍치로부터 남쪽으로 25리에 있다〉

용화역(龍化驛)〈읍치로부터 남쪽으로 60리에 있다〉

옥원역(沃原驛)〈읍치로부터 남쪽으로 100리에 있다〉

신흥역(新興驛)〈읍치로부터 서북쪽으로 40리에 있다. 이상은 평릉도(平陵道)에 속해있다〉

『창고』(倉庫)

성창(城倉)〈옥원고성(沃原古城)에 있다〉

사미창(四美倉)〈읍치로부터 70리에 있다〉

『토산』(土産)

철(鐵)·활 만드는 뽕나무[궁간상(弓幹桑)]·화살대[전죽(箭竹)]·칠(漆)·자단(紫檀)·기장[황양(黃楊)]·안식향(安息香)·오미자(五味子)·인삼(人蔘)·복령(茯笭)·송이버섯[송심(松蕈)]·벌꿀[봉밀(蜂蜜)]·김[해의(海衣)]·미역[곽(藿)]·전복[복(鰒)]·홍합(紅蛤)·문어(文魚)·방어(魴魚)·연어(鏈魚)·송어(松魚)·수어(秀魚)·대구어(大口魚)·황어(黃魚)·고등어[고도어(古刀魚)]·도루묵[은구어(銀口魚)]·광어(廣魚)·적어(赤魚)·해삼(海蔘)·소금[염(鹽)]

○황장봉산(黃腸封山)〈1곳이다〉

『장시』(場市)

읍내(邑內)의 장날은 2일과 7일이며 근덕(近德)의 장날은 1일과 6일이다. 도상(道上)의 장날은 3일과 8일이며 장성(長省)의 장날은 5일과 10일이다.

『누정』(樓亭)

죽서루(竹西樓)〈객관(客館) 서쪽에 있다. 절벽이 천 길이고 기이한 바위가 총총 서 있다. 그 위에 나는 듯한 누각을 지었으며, 아래로는 오십천(五十川)이 흐른다. 냇물이 휘돌아 못을 이루었다. 물이 맑다. 절벽에는 암두(暗竇)가 있어 물이 그 위에 이르러 흘러내리니 마치 떨어지는 것 같다. 죽서루 앞에는 석벽(石壁)이 가로질러 간다〉

진동루(鎭東樓)〈삼척포(三陟浦)에 있다〉

『선영』(璿塋)

목조황조고 묘(穆祖皇祖考墓)〈노동(蘆洞)에 있다〉

목조황고 묘(穆祖皇考墓)〈노동(蘆洞)에 있다〉

목조황비 묘(穆祖皇妣墓)〈삼척부의 서동쪽 산지리(山地里)에 있다〉

『단유』(壇壝)

비례산(非禮山)〈『신라 사전』(新羅祀典: 정확히 말하면『삼국사기』권32, 잡지, 제사조이다/역자주)에 이르기를 "실직군(悉直郡)에 있으며 북해(北海)로 중사(中祀: 신라의 산천에 대한 국가적 제사로서 3등급 중 중간등급의 제사/역자주)를 지냈다."고 기록되어 있다. 그러나 지금은 어디인지 모르겠다〉

신라 파사왕(婆娑王) 25년(104)에 실직(悉直)이 다시 배반하니 토벌하여 평정하고 그 백성들을 남쪽지방으로 이주시켰다. 내물왕 40년(395) 말갈(靺鞨)이 북변(北邊)을 침략하니 군대를 내어 실직평원에서 패퇴시켰다. 자비왕(慈悲王) 12년(469)에 고구려가 말갈과 더불어 북변 실직성(悉直城)을 습격해왔다.〈『삼국사기』 고구려본기(高句麗本記)에 이르기를 "장수왕 56년(468)에 왕이 말갈병 1만 명과 함께 신라 실직주성(悉直州城)을 공격하여 취하였다"고 기록되어 있다(『삼국사기』 권18, 고구려본기 6에는 장수왕 57년이 아니라 56년으로 기록되어 있다/역자주)〉○고려 덕종(德宗) 2년(1033)에 해적이 삼척을 노략하여 40여 명을 포로로 잡아갔다. 정종(靖宗) 2년(1036) 동번적(東蕃賊)이 배를 타고 삼척 동진수(桐津戍)를 노략하고 인민을 잡아가니 수자리의 장수가 풀섶에 매복해 있다가 덮쳐 습격하여 40여명의 목을 베었다. 고려 문종 6년(1052)에 동여진(東女眞) 고지문(高之問) 등이 바다를 항해해 와서 삼척 임원수(臨遠戍)를 공격하니 수자리 장수 하주여(河周呂)가 맞아 싸워 10여명의 목을 베어 적을 궤멸시켰다. 신종 2년(1199) 명주에 도적이 일어나 삼척을 함락시켰다. 공민왕 23년(1374)에 왜구가 삼척에 쳐들어왔다. 우왕 7년(1381)에 왜구가 삼척에 쳐들어와 불을 지르고 노략질을 하였다. 이듬해 동왕 8년(1382) 왜구가 삼척에 쳐들어왔다.

○조선 태조 3년(1394) 고려 공양왕이 삼척부(三陟府)에서 죽었다.〈임신년(1392) 7월 공양군(恭讓君)이 원주(原州)로 물러나 있다가 다시 간성군(杆城郡)으로 옮겨졌고 또 삼척부(三陟府)로 옮겨져 이 때에 죽었다. 공양왕(恭讓王)이라고 추봉되었다〉

3. 양양대도호부(襄陽大都護府)

『연혁』(沿革)

본래 (고구려)의 이문현(伊文峴)이었으나 후에 익현(翼峴)으로 고쳤다. 신라 경덕왕 16년(757) 익령(翼嶺)으로 고쳐 수성군(守城郡)의 영현(領縣)으로 삼았다. 고려 현종 9년(1018)에 현령(縣令)을 두었다.〈동계(東界)에 속하였다. 속현(屬縣)은 동산(洞山)이다. 고려 고종 8년(1221)에 양주방어사(襄州防禦使)로 승격하고〈거란 침입 때 공을 세웠기 때문이다〉 동왕 41년(1254)에는 현령으로 강등하였으며, 동왕 44년(1257)에도 덕녕감무(德寧監務)로 강등하였다.〈적에게 항복하였기 때문이다〉원종 원년(1260)에 지양주사(知襄州事)로 승격하였다. 조선 태조 6년(1397)에 국왕의 외향(外鄕)이라 하여 부(府)로 승격하였다. 태종 13년(1413) 도호부 (都護府)로 고치고, 동왕 16년(1416)에는 양양(襄陽)으로 고쳤다. 정조 7년(1783)에는 현으로 강등하고 16년에는 다시 도호부로 승격하였다.

「읍호」(邑號)

양산(襄山) 이다.

「관원」(官員)

대도호부사(大都護府使) 1명을 두었다.

『고읍』(古邑)

동산 고현(洞山古縣)〈읍치로부터 남쪽으로 45리에 있다. 본래 혈산현(穴山縣)이었다. 신 라 경덕왕 16년(757)에 동산(洞山)으로 고쳐 명주도독부(溟州都督府)의 영현(領縣)으로 삼았 다. 고려 현종 9년(1018)에 이곳 양양의 속현이 되었다〉

『산수』(山水)

현산(峴山)〈읍치로부터 북쪽으로 3리에 있다〉

성황산(城隍山)〈읍치로부터 북쪽으로 25리에 있다〉

수산(水山)〈읍치로부터 동쪽으로 10리에 있다〉

덕산(德山)〈읍치로부터 북쪽으로 35리에 있다〉

초진산(草津山)〈읍치로부터 남쪽으로 29리에 있다〉

설악산(雪岳山)〈읍치로부터 서북쪽으로 40리에 있다. 인제(麟蹄)와의 경계이다. 웅장한 봉우리와 높고 큰 돌의 형세가 하늘과 닿아있다. 무수한 봉우리가 솟아 나열되어 있으며 골짜 기에는 물이 흐른다. ○신흥사(神興寺)·영혈사(靈穴寺)·계조굴(繼祖窟)이 모두 산 동쪽에 있 다. ○보문암(普門庵)이 남쪽으로 설악산(雪嶽山)과 대치해 있고, 동쪽으로는 큰 바다와 임해 있다. 아래에는 만장 폭포(萬丈簾瀑)있으며, 앞에는 향로대(香爐臺)의 기암석이 첩첩이 쌓여 있어 그 위에 앉아 있으면 수많은 봉우리들이 점같이 펼쳐져 있는 것이 보인다. 보문(普門)으 로부터 아래로 10리 떨어진 곳에는 식당암(食堂岩)이 있는데 넓어서 가히 백여 명의 밥상을 펼쳐놓을 수가 있다. 물가의 돌은 깨끗하고, 붉은 절벽과 푸른 고개사이에 넓은 골짜기가 펼쳐

져 있다〉

　　천후산(天吼山)〈읍치로부터 서북쪽으로 45리에 있다. 간성(杆城)과의 경계이다〉

　　오대산(五臺山)〈읍치로부터 서남쪽으로 60리에 있다. 강릉(江陵)과의 경계이다. 동쪽 지류에는 명주사(明珠寺)가 있다〉

　　오봉산(五峰山)〈읍치로부터 북쪽으로 15리에 있다. 작은 산이다. 동쪽으로는 바닷가이다. 아래는 냉천(冷泉)이 있다. ○낙산사(洛山寺)는 의상대사(義湘大師)가 세운 절이다. 세조 11년 (1465)에 왕이 중궁과 왕세자와 함께 이 절에 와서 묵었다. ○관음굴(觀音窟)이 해안가에 있는데, 파도가 항상 오가며 측량치 못할 골짜기를 만들었다. 굴 위에 집을 지었다. 허리를 굽혀 아래를 쳐다보니 소름이 끼칠 정도로 무섭다. ○의상대(義相臺)는 관음굴 곁에 있는데 동쪽으로 푸른 바다가 보인다〉

　　울산(蔚山)〈읍치로부터 북쪽으로 35리의 청초호(靑草湖)의 서쪽에 있다. 기이한 봉우리가 종횡으로 솟아 있어 마치 가시울타리를 쳐놓은 듯하다〉

　　양야산(陽野山)〈동산(洞山)으로부터 남쪽으로 10리에 있다〉

　　정족산(鼎足山)〈읍치로부터 서남쪽으로 40리에 있다. 3봉우리가 높이 솟아 있다. ○도적사(道寂寺)가 있다〉

　　초봉(草峰)〈읍치로부터 남쪽으로 25리 떨어진 해변 가에 있다〉

「영로」(嶺路)

　　연수파령(連水坡嶺)〈읍치로부터 서북쪽으로 75리에 있다〉

　　오색령(五色嶺)·필노령(弼奴嶺)·박달령(朴達嶺)〈모두 읍치로부터 서쪽으로 50리에 있다. 인제(麟蹄)와의 경계이다〉

　　소동나령(所冬羅嶺)〈읍치로부터 서쪽으로 60리에 있다. 매우 험하다. 옛날에는 서울로 가는 대로였다. 인제와의 경계이다〉

　　구룡령(九龍嶺)〈읍치로부터 서남쪽으로 65리에 있다. 강릉(江陵)과의 경계이다〉

　　양한령(兩寒嶺)〈읍치로부터 남쪽으로 25리에 있다〉

　　소량치(所良峙)〈읍치로부터 서쪽으로 30리에 있다〉

【조침령(曹枕嶺)·형제현(兄弟峴)】

　　○동해바다(東海)〈읍치로부터 동쪽으로 10리에 있다〉

　　남강(南江)〈하나는 오대산(五臺山)에서 시작되어 북쪽으로 흐르며, 하나는 소동나령(所冬

羅嶺)에서 시작되어 동쪽으로 흘러 읍 남쪽에서 합쳐져 바다로 들어간다〉

청초호(靑草湖)〈읍치로부터 북쪽으로 40리에 있다. 간성(杆城)과의 경계이다. 둘레는 수 십 리이다. ○비선대(秘仙臺)가 호의 동북쪽에 있다. 석봉이 약간 뾰족하여 그 위에 앉을 수가 있다〉

쌍호(雙湖)〈읍치로부터 남쪽으로 10리에 있다〉

마호(麻湖)〈읍치로부터 남쪽으로 60리에 있다〉

「도서」(島嶼)

죽도(竹島)〈읍치로부터 남쪽으로 45리에 있다. 관란정(觀瀾亭) 앞에 있다. 섬 전체가 대나무로 가득하다. 섬 아래에는 바닷가에 구유 같은 오목한 돌이 있는데 닳고 갈려서 교묘하게 되어 있다. 오목한 속에 자그마한 둥근 돌이 있다. 둥근 돌이 그 속에서 닳아 이리저리 구른다〉

『방면』(坊面)

부남면(府南面)〈읍치로부터 8리에서 끝난다〉

부내면(府內面)〈읍치로부터 20리에서 끝난다〉

위산면(位山面)〈읍치로부터 서쪽으로 13리에서 끝난다〉

서면(西面)〈읍치로부터 서남쪽으로 5리에서 시작하여 70리에서 끝난다〉

동면(東面)〈읍치로부터 15리에서 끝난다〉

남면(南面)〈읍치로부터 10리에서 시작하여 20리에서 끝난다〉

사현면(沙峴面)〈읍치로부터 북쪽으로 10리에서 시작하여 15리에서 끝난다〉

강선면(降仙面)〈읍치로부터 북쪽으로 15리에서 시작하여 25리에서 끝난다〉

도문면(道門面)〈읍치로부터 서쪽으로 20리에서 시작하여 30리에서 끝난다〉

소천면(所川面)〈읍치로부터 서쪽으로 25리에서 시작하여 35리에서 끝난다〉

현북면(縣北面)〈읍치로부터 남쪽으로 25리에서 시작하여 50리에서 끝난다〉

현남면(縣南面)〈읍치로부터 남쪽으로 40리에서 시작하여 70리에서 끝난다. 위의 2면은 동산(洞山) 땅에 있다〉

『성지』(城池)

읍성(邑城)〈성의 둘레는 2,228척이다. 우물이 2개 있다〉

설악산고성(雪嶽山古城)〈산꼭대기에 있다. 혹은 권금성(權金城)이라고 부르거나 토왕성

(土王城)이라고 부른다. 성의 둘레는 2,112척이다〉

오봉산고성(五峰山古城)〈흙으로 쌓은 토성이다. 홍예석문(虹預石門)이 있다. 낙산사(洛山寺)가 그 안에 있다〉고려 목종 10년(1007)에 익령(翼嶺)을 쌓았는데, 248칸이며, 문은 4개이다〉

『진보』(鎭堡)
「혁폐」(革廢)

대포진(大浦鎭)〈읍치로부터 동쪽으로 12리에 있다. 조선 성종 21년(1490)에 강릉 안인포 만호(安仁浦萬戶)를 이곳으로 옮겼다. 중종 15년(1520)에 성을 쌓았는데 둘레는 1,469척이다. 나중에 혁파되었다〉

청초호(靑草湖)〈고려시대에 만호영(萬戶營)을 두고, 배를 정박토록 하였다. 언제 혁파했는지는 알 수가 없다〉

『창고』(倉庫)

동창(東倉)〈동해 바닷가에 있다〉

북창(北倉)〈읍치로부터 북쪽으로 10리에 있다〉

동산(洞山倉)〈동산 고현(洞山古縣)에 있다〉

『역참』(驛站)

상운도(祥雲道)〈읍치로부터 남쪽으로 25리에 있다. 찰방(察訪)은 연창역(連倉驛)으로 옮겼다〉

연창역(連倉驛)〈옛 이름은 익령역(翼嶺驛)이다. 읍치로부터 동쪽으로 3리에 있다〉

인구역(麟邱驛)〈옛날에는 인구역(麟駒驛)이라고 불렀다. 읍치로부터 남쪽으로 50리에 있다〉

강선역(降仙驛)〈읍치로부터 북쪽으로 30리에 있다. 이상 3역은 상운도(祥雲道)에 속해있다〉

「혁폐」(革廢)

오색역(五色驛)〈읍치로부터 서쪽으로 45리의 오색로(五色路)에 있다. 폐지되어 간성(杆城)으로 옮기고 원암역(元岩驛)이 되었다〉

『진도』(津渡)

남강진(南江津)〈읍치로부터 남쪽으로 3리에 있다〉

『토산』(土産)

삼마(麻)·철(鐵)·화살대[전죽(箭竹)]·잣[해송자(海松子)]·오미자(五味子)·인삼(人蔘)·복령(茯苓)·지치[자초(紫草)]·벌꿀[봉밀(蜂蜜)]·산무애뱀[백화사(白花蛇)]·김[해의(海衣)]·미역[곽(藿)]·전복[복(鰒)]·송어(松魚)·홍합(紅蛤)·문어(文魚)·대구어(大口魚)·연어(鏈魚)·도루묵[은구어(銀口魚)]·황어(黃魚)·방어(魴魚)·고등어[고도어(古刀魚)]·광어(廣魚)·농어[노어(鱸魚)]·수어(秀魚)·쌍족어(雙足魚)·해삼(海蔘)·송이버섯[송심(松蕈)]·석이버섯[석심(石蕈)]·소금[염(鹽)]

○황장봉산(黃腸封山)〈2곳이다〉고려 문종 17년(1063)에 삼사(三司: 국가재정의 회계를 맡아보던 관청/역자주)가 아뢰어 익령현(翼嶺縣)에서 생산되는 황금(黃金)을 공부(貢賦: 지방 특산물로 중앙정부에 내는 조세/역자주) 장부에 올리기를 청하였다.

『장시』(場市)

읍내(邑內)의 장날은 3일과 8일이며 물류(勿溜)의 장날은 4일과 9일이다. 동산(洞山)의 장날은 4일과 9일이며 상운(祥雲)의 장날은 5일과 10일이다.

『누정』(樓亭)

태평루(太平樓)〈읍내에 있다〉

취산루(醉山樓)

『단유』(壇壝)

동해신당(東海神壇)〈읍치로부터 동쪽으로 13리에 있다. 고려 때부터 동해를 국가제사의 하나인 중사(中祀)로 섬겨 제사를 지냈으며, 조선조에도 이를 따랐다〉

『전고』(典故)

고려 현종 20년(1209) 동여진(東女眞) 400여 명이 동산(洞山)에 쳐들어왔다. 고종 40년(1253)에 몽골병이 양주(襄州)를 함락하였다. 공민왕 23년(1374)에 왜구(倭寇)가 양주를 노략하니 아군이 싸워 100여 명의 목을 베었다. 우왕 9년(1383)에 왜구가 안변(安邊)·흡곡(歙谷)을 노략질하고 사방으로 출몰하여 노략질하니 마치 무인지경에 빠진 것 같았다. 조준(趙浚,

1346~1405)과 이을진(李乙珍,생몰년 미상) 등이 동산(洞山)에서 왜구를 맞아 싸워 20여 명의 목을 베고, 말 72마리를 노획하였다.〈나머지 자세한 설명은 고성현(高城縣)의 전고(典故) 조에 있다〉 우왕 11년(1385)에 왜구가 양주(襄州)에 쳐들어 왔다.

4. 평해군(平海郡)

『연혁』(沿革)

본래 (고구려)의 근을어(斤乙於)이었다. 신라 경덕왕 16년(757) 평해(平海)로 고치고, 이웃하는 군의 영현(領縣)으로 삼았다. 고려 현종 9년(1018)년에 예주(禮州)에 속하였다.〈영해 (寧海)를 뜻함〉 명종 2년(1172)에 감무(監務)를 두었다. 충렬왕 때 지군사(知郡事)로 승격하였다.〈고을 사람 첨의평리(僉議評理) 황서(黃瑞)가 국왕을 모시고 원나라에 호종한 공로(翊戴 功)가 있었기 때문이다〉 조선 세조 12년(1466)에 군수(郡守)로 고쳤다.

「읍호」(邑號)

기성(箕城)이다.

「관원」(官員)

군수(郡守) 1명을 두었다.

『산수』(山水)

부곡산(釜谷山)〈읍치로부터 서쪽으로 1리에 있다〉

금장산(金藏山)〈읍치로부터 서쪽으로 30리에 있다〉

백암산(白岩山)〈읍치로부터 서쪽으로 40리에 있다. 울진(蔚珍)과의 경계이다. ○백암사 (白岩寺)가 있다〉

후리산(厚里山)〈읍치로부터 북쪽으로 10리에 있다〉

표산(表山)〈읍치로부터 북쪽으로 18리에 있다〉

사동산(沙銅山)〈읍치로부터 북쪽으로 34리에 있다〉

현종산(縣鍾山)〈읍치로부터 서쪽으로 4리에 있다〉

청학산(靑鶴山)〈읍치로부터 서쪽으로 20리에 있다. ○광흥사(廣興寺)가 있다〉

화산(花山)〈읍치로부터 서쪽으로 25리에 있다〉

동팔리산(動八里山)〈읍치로부터 북쪽으로 10리에 있다. ○수진사(修眞寺)가 있다〉

다호천산(多乎川山)〈읍치로부터 서쪽으로 10리에 있다〉

신래봉(辛來峰)〈읍치로부터 서쪽으로 6리에 있다〉

「영로」(嶺路)

삼승령(三乘嶺)〈읍치로부터 서쪽으로 50리에 있다. 영양(英陽)과의 경계이다〉

조현(鳥峴)〈읍치로부터 서쪽으로 40리에 있다. 영양으로 가는 길이다〉

주령(珠嶺)〈읍치로부터 서쪽으로 40리에 있다. 울진(蔚珍)과의 경계이다〉

구리현(仇里峴)〈읍치로부터 서쪽으로 40리에 있다〉

대현(大峴)〈읍치로부터 서쪽으로 18리에 있다〉

어현(於峴)〈읍치로부터 동북쪽으로 10리에 있다〉

율현(栗峴)〈읍치로부터 남쪽으로 5리에 있다〉

지계현(地界峴)〈읍치로부터 남쪽으로 20리에 있다. 영해(寧海)와의 경계이다〉

○동해바다(東海)〈읍치로부터 동쪽으로 7리에 있다〉

남천(南川)〈읍치로부터 남쪽으로 2리에 있다. 물의 근원은 금장산(金藏山)과 백암산(白岩山) 2산에서 시작되어 동쪽으로 흘러 바다로 들어간다〉

황보천(黃保川)〈읍치로부터 북쪽으로 10리에 있다. 물의 근원은 동경곡(東京谷)에서 시작하여 동쪽으로 흘러 월송석교(越松石橋)를 지나 바다로 들어간다〉

선연(仙淵)〈읍치로부터 서쪽으로 35리에 있다〉

온천(溫泉)〈읍치로부터 서쪽으로 25리에 있다. 백암산(白岩山) 아래 소태곡(所台谷)에서 나온다〉

『방면』(坊面)

상리면(上里面)〈읍치로부터 7리에서 끝난다〉

하리면(下里面)〈읍치로부터 10리에서 끝난다〉

남면(南面)〈읍치로부터 10리에서 시작하여 20리에서 끝난다〉

근서면(近西面)〈읍치로부터 15리에서 시작하여 25리에서 끝난다〉

원서면(遠西面)〈읍치로부터 25리에서 시작하여 50리에서 끝난다〉

근북면(近北面)〈읍치로부터 10리에서 시작하여 30리에서 끝난다〉
원북면(遠北面)〈읍치로부터 20리에서 시작하여 40리에서 끝난다〉

『성지』(城池)
읍성(邑城)〈성의 둘레는 2,325척이다. 우물이 6개 있다. ○고려 말 왜구(倭寇)로 인하여 사람들이 흩어져 살지 않자 지군사(知郡事) 김을권(金乙權)이 남은 백성들을 안집(安集)하여, 토성을 쌓고 왜구에 대비하니 읍민들이 이에 힘입어 생계를 회복하게 되었다〉
백암산고성(白岩山古城)〈성의 둘레는 2,560척이다. 우물이 3개 있다〉
고성(姑城)·오대봉성(吾臺峰城)

『진보』(鎭堡)
월송포진(越松浦鎭)〈읍치로부터 동북쪽으로 7리에 있다. 성의 둘레는 628척이다. ○수군만호(水軍萬戶: 각도 수군절도사영에 소속된 종4품 무관/역자주) 1명을 두었다〉

『방수』(防守)
구진포(仇珍浦)〈혹은 명월포(明月浦)라고도 부른다. 읍치로부터 북쪽으로 30리에 있다〉
정명포(正明浦)〈읍치로부터 북쪽으로 20리에 있다〉
후리포(厚里浦)〈읍치로부터 남쪽으로 15리에 있다. 이상 3포는 모두 척후(斥候)가 있다〉

『창고』(倉庫)
서창(西倉)〈근서면(近西面)에 있다〉

『역참』(驛站)
달효역(達孝驛)〈읍치로부터 동북쪽으로 5리에 있다. 평릉도(平陵道)에 속해있다〉

『토산』(土産)
화살대[전죽(箭竹)]·벌꿀[봉밀(蜂蜜)]·송이버섯[송심(松蕈)]·석이버섯[석심(石蕈)]·지치[자초(紫草)]·인삼(人蔘)·복령(茯苓)·미역[곽(藿)]·김[해의(海衣)]·해달(海獺)·산무애뱀

[백화사(白花蛇)]·전복[복(鰒)]·홍합(紅蛤)·세조개[회세합(回細蛤)]·꽃게[자해(紫蟹)]·해삼(海蔘)·방어(魴魚)·광어(廣魚)·문어(文魚)·대구[대구어(大口魚)]·연어(鰱魚)·송어(松魚)·적어(赤魚)·고등어[고도어(古刀魚)]·황어(黃魚)·도루묵[은구어(銀口魚)]·마어(麻魚)

○황장봉산(黃腸封山)〈1곳이다〉

『장시』(場市)

읍내(邑內)의 장날은 2일과 7일이며 정명(正明)의 장날은 1일과 6일이다.

『누정』(樓亭)

망학루(望鶴樓)

오월루(梧月樓)

환월정(喚月亭)

월송정(越松亭)〈월송진(越松鎭)에 있다. 푸른 소나무가 만 그루나 있으며, 10리에 백사장이 펼쳐있다〉

망양정(望洋亭)〈읍치로부터 북쪽으로 40리에 있다. 울진(蔚珍)과의 경계이다. 해안의 괴석이 첩첩이 서있다. ○임의대(臨漪臺)가 정자 북쪽에 있다. 돌 하나가 돌출하여 위로 나와 있는데 7~8명이 충분히 앉을 만하다. 그 아래는 땅이 보이지 않을 정도이다. 북쪽으로 바라보면 백 보쯤 밖에 위험한 사다리(棧)가 구름에 의지해 있는 것 같이 있는데, 그 위로 사람이 가는 것이 마치 공중에 있는 것 같다. 이름하여 조도잔(鳥道棧)이라고 한다〉

『전고』(典故)

고려 현종 19년(1028) 동여진(東女眞)이 평해(平海)를 공격했으나 이기지 못하고 돌아가니 쫓아가 적선 4척을 포획하고 사람은 대부분 죽였다. 문종 18년(1064)에 동여진 100여 명이 배를 타고 평해와 남포(南浦)를 노략하여 민가를 불태우고 남녀 9명을 포로로 잡아갔다. 우왕 7년(1381)과 8년(1382) 왜구(倭寇)가 평해에 쳐들어왔다. 동왕 11년에도 왜구가 평해에 쳐들어오니 강릉도도체찰사(江陵道都體察使) 목자안(睦子安: 생몰년 미상)이 추격하여 물리쳐 5명의 목을 베었다.

5. 간성군(杆城郡)

『연혁』(沿革)

본래 (고구려)의 가라홀(加羅忽)이다. 후에 수성(迡城)으로 바꾸었다. 신라 경덕왕 16년 (757) 에 수성군(迡城郡)으로 고쳤다.〈명주도독부(溟州都督府)에 속하였다. ○영현(領縣)이 2이니 동산(童山)과 익령(翼嶺)이다〉고려 태조 23년(940) 간성(杆城)으로 고치고 현종 9년 (1018)에 현령(縣令)을 두었다.〈동계(東界)에 속하게 하였다. ○속현(屬縣)은 열사(烈山)이다〉 후에 지군사(知郡事)로 승격하여 고성(高城)을 겸임하게 하였다. 공양왕 원년(1389)에 원래대 로 둘을 갈라 다스리게 하였다. 조선 세조 12년(1466) 군수(郡守)로 고치고,〈선조 37년(1604) 에 조방장(助防將)을 겸하게 하였다. 인조 원년(1623)에 혁파하였다〉인조 7년(1629)에 현 (縣)으로 강등하였다.〈이곳 노비가 그 주인을 살해하였기 때문이다〉동왕 16년(1638)에 다시 회복하여 군(郡)으로 승격하였다.

「읍호」(邑號)

수성(水城) 이다.

「관원」(官員)

군수(郡守) 1명을 두었다.

『고읍』(古邑)

열산 고현(烈山古縣)〈읍치로부터 북쪽으로 35리에 있다. 본래 마기라(麻耆羅)이다. 혹은 소물달(所勿達)이라고도 한다. 후에 승산(僧山)으로 고쳤다. 신라 경덕왕 16년(757)에 동산(童 山)으로 고치고 수성군(守城郡)의 영현(領縣)으로 삼았다. 고려 태조 23년(940)에 열산(烈山) 으로 고치고, 현종 9년(1018)에 이곳 간성의 속현을 삼았다. ○읍호는 봉산(鳳山)이다〉

『산수』(山水)

남산(南山)〈읍치로부터 5리에 있다〉

오음산(五音山)〈읍치로부터 남쪽으로 15리에 있다. 산 위에 못[지(池)]이 있다〉

천후산(天吼山)〈읍치로부터 남쪽으로 70리에 있다. 양양(襄陽)과의 경계이다〉

금강산(金剛山)〈읍치로부터 북쪽으로 25리에 있다. 즉 금강산(金剛山) 남쪽 지류이다. 자

세한 설명은 회양조(淮陽)조에 있다〉

마기라산(麻耆羅山)〈읍치로부터 서쪽으로 30리에 있다. 산맥이 중첩되어 있고 험하고 막혀있다〉

어구산(於邱山)〈열산현(烈山縣)의 읍치로부터 서쪽으로 5리에 있다〉

국사당산(國師堂山)〈읍치로부터 남쪽으로 45리에 있다〉

국동산(國東山)〈읍치로부터 서쪽으로 35리에 있다〉

학산(鶴山)〈열산현의 북쪽에 있다〉

원산(元山)〈영랑호(永郎湖) 동쪽에 있다〉

「영로」(嶺路)

연수파령(連水波嶺)〈읍치로부터 서남쪽으로 80리에 있다. 옛날에 폐지되어 다니지 않았다가 성종 24년(1493)에 길이 복개되었다. ○화엄사(華嚴寺)가 연수파령의 동쪽에 있다. 가파른 산을 안아 싸고 있으며 이 절 아래로는 푸른 바다가 있다. 절의 남쪽 고개에는 성인대(聖人臺)가 있는데 큰 바위가 평평하고 넓어 백여 명이 넉넉히 앉을 만하다. 남쪽으로는 천후산(天吼山)을 안고 있고 동쪽으로는 영랑호(永郎湖)와 청초호(靑草湖)를 내려보고 있다〉

소파령(所坡嶺)〈읍치로부터 서남쪽으로 60리에 있다〉

진부령(珍富嶺)〈읍치로부터 서쪽으로 40리에 있다〉

선유령(仙遊嶺)〈읍치로부터 서쪽으로 45리에 있다〉

흘리령(屹里嶺)〈읍치로부터 서남쪽으로 50리에 있다. 이상 5령(五嶺)은 모두 인제(麟蹄)와의 경계이다〉

오주령(烏疇嶺)〈혹은 오시치(烏矢峙)라고도 부른다. 읍치로부터 북쪽으로 35리에 있다〉

○동해바다(東海)〈읍치로부터 동쪽으로 7리에 있다〉

북천(北川)〈읍치로부터 북쪽으로 1리에 있다. 물의 근원은 마기라산(麻耆羅山)에서 시작되어 동쪽으로 흘러 바다로 들어간다〉

남천(南川)〈읍치로부터 남쪽으로 5리에 있다. 물의 근원은 산유령(仙遊嶺)에서 시작하여 동쪽으로 흘러 바다로 들어간다〉

명파천(明波川)〈읍치로부터 북쪽으로 50리에 있다. 물의 근원은 학산(鶴山)에서 시작되어 동쪽으로 흘러 바다로 들어간다〉

거춘천(巨春川)〈읍치로부터 북쪽으로 20리에 있다. 물의 근원은 건봉사동(乾鳳寺洞)에서

시작되어 동쪽으로 흘러 바다로 들어간다〉

사천(蛇川)〈읍치로부터 북쪽으로 60리에 있다. 고성(高城)과의 경계이다〉

인각천(仁角川)〈혹은 토성천(土城川)이라고도 한다. 읍치로부터 남쪽으로 50리에 있다. 물의 근원은 연수파령(連水坡嶺)에서 시작되어 동쪽으로 흘러 바다로 들어간다〉

영랑호(永郎湖)〈읍치로부터 남쪽으로 55리에 있다. 호수의 둘레가 30리이다. 물이 굽이쳐 돌아오고, 암석이 기괴하다. 호수의 동쪽에는 조그마한 봉우리가 절반쯤 호수 가운데로 들어가 있으며 옛 정자 터가 있다〉

열산호(烈山湖)〈혹은 포진호(泡津湖)라고도 한다. 열산현(烈山縣)으로부터 동쪽으로 2리에 있다. 호수의 둘레는 수십 리이다. 언덕과 골짜기를 감싸고 걸쳐 있으며, 다른 여러 호수에 비하여 가장 크다〉

광호(廣湖)〈읍치로부터 남쪽으로 45리에 있다. 영랑호(永郎湖)로부터 북쪽으로 10리 남짓 되는 거리에 큰 호수가 있는데 어지러운 소나무 사이에 은밀하게 어른거리는데 사람들은 이를 여은포(汝隱浦)라고 부른다〉

선유담(仙遊潭)〈읍치로부터 남쪽으로부터 10리에 있다. 산록이 둘러 골짜기를 이루며 골짜기 안에 이 선유담이 있다. 못 안에는 작은 봉우리가 불쑥 일어나 있어 절반은 호수 가운데에 잠겨있다. 옛날에는 정자가 있으며 순채(蓴菜: 수련의 일종/역자주)가 못에 가득하다〉

화담(花潭)〈읍치로부터 남쪽으로 20리에 있다〉

황포(黃浦)〈읍치로부터 남쪽으로 25리에 있다〉

송지포(松池浦)〈화담(花潭)의 동쪽에 있다〉

명사(鳴沙)〈하나는 읍치로부터 남쪽으로 18리에 있으며, 다른 하나는 읍치로부터 북쪽으로 60리에 있다. 고성(高城)과의 경계이다. 모래의 색깔이 마치 눈(雪)과 같고 인마(人馬)가 이를 밟고 지나갈 때면 소리가 나는데 마치 쟁쟁하여 쇠 소리 같다. 대개 바닷가는 모두 명사이나 간성(杆城)과 고성(高城)지역이 가장 많다〉

「도서」(島嶼)

죽도(竹島)〈송지포(松池浦)로부터 동쪽에 있다. 섬의 둘레는 2리이다. 섬 위에는 영사(營舍)의 옛터가 있다. 오동나무(梧桐)와 전죽(箭竹)이 그 위에 가득 자라고 있다〉

초도(草島)〈열산(列山)으로부터 동쪽으로 6리에 있다〉

무로도(無路島)〈청간역(淸澗驛) 동쪽에 있다〉

저도(猪島)〈열산(烈山)으로부터 동쪽으로 30리에 있다. 전죽(箭竹)이 자라고 있다〉

『방면』(坊面)

군내면(郡內面)〈읍치로부터 10리에서 끝난다〉

왕곡면(旺谷面)〈읍치로부터 남쪽으로 15리에서 시작하여 20리에서 끝난다〉

죽도면(竹島面)〈읍치로부터 남쪽으로 15리에서 시작하여 25리에서 끝난다〉

토성면(土城面)〈읍치로부터 남쪽으로 20리에서 시작하여 55리에서 끝난다〉

해상면(海上面)〈읍치로부터 서쪽으로 5리에서 시작하여 30리에서 끝난다〉

대대면(大垈面)〈읍치로부터 북쪽으로 10리에서 시작하여 20리에서 끝난다〉

오현면(梧峴面)〈읍치로부터 북쪽으로 15리에서 시작하여 25리에서 끝난다〉

현내면(縣內面)〈읍치로부터 북쪽으로 30리에서 시작하여 65리에서 끝난다〉

낙현면(洛峴面)〈읍치로부터 서북쪽에 있다〉

『성지』(城池)

읍성(邑城)〈성의 둘레는 2,565척이다. 우물이 2개 있고, 못이 4개이다〉

열산고현성(烈山古縣城)〈성의 둘레는 403척이다〉

남산고성(南山古城)〈성의 둘레는 1,528척이다. 우물이 1개 있다〉

마기라산고성(麻耆羅山古城)·초도고성(草島古城)

영파수(寧波戍)〈열산(烈山)으로부터 북쪽으로 15리에 있다. 지금은 수산(戍山)이라고 부른다〉

고려 덕종 2년(1033)에 간성현성(杆城縣城)을 쌓았다.

『창고』(倉庫)

열산창(烈山倉)〈열산호 가(烈山湖邊)에 있다〉

청간창(淸澗倉)〈청간역(淸澗驛)의 북쪽에 있다〉

『역참』(驛站)

청간역(淸澗驛)〈읍치로부터 남쪽으로 44리 떨어진 해안에 있다〉

죽포역(竹苞驛)〈읍치로부터 북쪽으로 18리에 있다〉

운근역(雲根驛)〈읍치로부터 북쪽으로 37리에 있다〉

명파역(明波驛)〈옛 이름은 관목역(灌木驛)이다. 읍치로부터 북쪽으로 55리에 있다〉

원암역(元岩驛)〈읍치로부터 남쪽으로 63리에 있다. 조선 성종 24년(1471)에 연수파령로(連水坡嶺路)를 열어 양양(襄陽) 오색역(五色驛)을 이곳으로 옮겼다. 이상 5개의 역은 상운도(祥雲道)에 속하였다〉

『토산』(土産)

화살대[전죽(箭竹)]·칠(漆)·오미자(五味子)·인삼(人蔘)·복령(茯苓)·송이버섯[송심(松蕈)]·석이버섯[석심(石蕈)]·벌꿀[봉밀(蜂蜜)]·산무애뱀[백화사(白花蛇)]·김[해의(海衣)]·미역[곽(藿)]·전복[복(鰒)]·대구[대구어(大口魚)]·문어(文魚)·홍합(紅蛤)·연어(鰱魚)·송어(松魚)·도루묵[은구어(銀口魚)]·방어(魴魚)·은어(銀魚)·황어(黃魚)·광어(廣魚)·고등어[고도어(古刀魚)]·백어(白魚)·해삼(海蔘)·하수오(何首烏)·소금[염(鹽)]·순채(蓴菜)

○황장봉산(黃腸封山)〈1곳이다〉

『장시』(場市)

읍내(邑內)의 장날은 2일과 7일이며 죽도(竹島)의 장날은 1일과 6일이다.

『누정』(樓亭)

영월루(詠月樓)·농향정(濃香亭)〈모두 읍내에 있다〉

청간정(淸澗亭)〈청간역(淸澗驛) 곁 해안에 있다. 기암괴석이 해안에 섞여 있다. 해변의 모래가 빛나는 것이 마치 흰눈과 같다. 밟으면 우우(憂憂)하는 소리가 나 마치 주옥(珠玉) 위를 걷는 것 같다. ○만경대(萬景臺)가 청간역 동쪽 몇 리에 있다. 하나의 석봉(石峰)이 달려나가 파도 속으로 들어가고, 길은 계속 연결되어 봉우리의 중간까지 이어져 있다. 큰 물결이 기슭까지 튀어오르고 계곡의 물과 어우러져 멋진 경치를 이룬다. 곁에는 운근정(雲根亭)이 있다〉

무송대(茂松臺)〈명파역(明波驛) 남쪽에 있다. 봉우리가 바닷가에 우뚝 솟아있다. 옛 이름은 송도(松島)이다. 모래길이 육지와 이어져 있다. 파도가 심하면 물에 들어갈 수 없다. 땅에는 명사(鳴沙)가 가득하다〉

설악(雪岳)〈『신라 사전(新羅祀典: 정확히 말하면 『삼국사기』 권32, 잡지, 제사조이다/역자주)』에 보면 "수성군(迸城郡)에 있으며, 명산(名山)이므로 소사(小祀)를 지냈다."고 되어 있다〉

『전고』(典故)

고려 덕종 2년(1033)에 해적이 간성(杆城) 백석포(白石浦)에 쳐들어와 50명을 잡아갔다. 정종(靖宗) 8년(1042)에 열산현(烈山縣) 영파수(寧波戍) 대정(隊正) 간홍(簡弘)이 해적과 함께 싸우다 화살이 떨어지자 힘을 다해 싸우다 죽었다. 문종 4년(1050)에 동번 해적이 열산현(烈山縣) 영파수(寧波戍)에 쳐들어와 남녀 18명을 잡아갔다. ○조선 태조 원년(1392) 원주(原州)로부터 공양왕을 간성군으로 데려갔다.〈공양왕을 강등하여 공양군(恭讓君)으로 삼았으며 후에 다시 삼척부로 옮겨갔다〉

6. 고성군(高城郡)

『연혁』(沿革)

본래 (고구려)의 달홀(達忽)이었다. 신라 진흥왕 29년(568)에 달홀주(達忽州)로 삼고 군주(軍主)를 두어 달홀정(達忽停)이라 칭하였다. 경덕왕 16년(757)에 고성군(高城郡)으로 고쳤다.〈명주도독부(溟州都督府)에 속하였다. ○영현(領縣)이 3이니 환가(豢猳)·편험(偏險)·안창(安昌)이다〉 고려 현종 9년(1018)에 현령(縣令)으로 강등하였다.〈속현(屬縣)은 2이니 환가와 안창이다〉 조선 세종 때 군(郡)으로 승격하였다.

「읍호」(邑號)

풍암(豊岩)이다.

「관원」(官員)

군수(郡守) 1명을 두었다.〈강릉진관 병마 동첨절제사 방수장(江陵鎭管兵馬同僉節制使防守將)을 겸하였다〉

『고읍』(古邑)

환가 고현(豢猳古縣)〈읍치로부터 북쪽으로 27리에 있다. 본래 저수혈현(猪迭穴縣)이다. 혹은 오사압(烏斯押)이라고도 한다. 신라 경덕왕 16년(757)에 환가로 고쳐 고성군의 영현(高城郡領縣)으로 삼았다. 고려 현종 9년(1018)에도 그대로 고성의 속현이 되었다. ○고려 문종 18년(1064)에 환가현에 산불이 나서 오랫동안 계속되었다. 동북면병마사(東北面兵馬使)가 주청하여 성을 옮기고, 해적을 막는 요충지로 삼을 것을 아뢰니, 조서를 내려 양촌(陽村)으로 옮겼다. 양촌은 옛 성으로부터 남쪽으로 2,000여 보 떨어진 곳에 있다〉

안창 고현(安昌古縣)〈읍치로부터 남쪽으로 27리에 있다. 본래 막이현(莫伊縣)이었다. 고려 태조 23년(940)에 안창(安昌)으로 바꾸었다. 고려 현종 9년(1018)에 고성의 속현으로 삼았다〉

【신라 경덕왕 16년(757)에 안창으로 고쳐 고성군의 영현으로 삼았다. 고려 태조 23년(940)에 안창으로 바꾸었다가 현종 9년에 고성의 속현으로 삼았다】

『방면』(坊面)

동면(東面)〈읍치로부터 10리에서 끝난다〉

일북면(一北面)〈읍치로부터 5리에서 시작하여 30리에서 끝난다〉

이북면(二北面)〈읍치로부터 3리에서 시작하여 33리에서 끝난다〉

삼북면(三北面)〈읍치로부터 7리에서 시작하여 25리에서 끝난다〉

남면(南面)〈읍치로부터 10에서 시작하여 90리에서 끝난다〉

수동면(水洞面)〈읍치로부터 남쪽으로 15리에서 시작하여 70리에서 끝난다〉

안창면(安昌面)〈읍치로부터 남쪽으로 15리에서 시작하여 33리에서 끝난다〉

서면(西面)〈읍치로부터 7리에서 시작하여 65리에서 끝난다〉

『산수』(山水)

금성산(金城山)〈읍치로부터 서쪽으로 9리에 있다〉

포구산(浦口山)〈읍치로부터 동쪽으로 9리 떨어진 고성포(高城浦) 변에 있다. 바위가 우뚝 서 있고 층층이 있는 것이 계단 같으며 그 위에는 백여 명이 앉을 만하다. 바위 북쪽에 또 한 봉우리가 있는데 모두 돌로 되어 있다. 동쪽으로 바다를 바라보면 5리쯤 괴는 곳에 돌로된 봉우리가 병풍을 두른 것 같다. 또 봉우리 아래에 돌이 있는데 용이 호랑이를 끌어 움켜잡는 것 같이 기괴하고 이상하다. 또 돌 두개가 서로 마주 서 있는 것이 마치 사람이 함께 말하는 것 같다. 돌은 모두 흰빛이다. 푸른 바다에 광채가 비쳐서 바라보면 그림 같다〉

금강산(金剛山)〈읍치로부터 서쪽으로 60리에 있다. 자세한 설명은 양양(襄陽)조에 있다. 통천(通川)으로부터 고성(高城)까지는 금강산(金剛山)의 등[배(背)]으로서 그 위가 높고 험하다. 사람들은 이를 외산(外山)이라고 한다. ○유점사(楡岾寺)가 있는데 신라 때 창건되었다. 조선 세조 11년(1465) 왕이 이 절에 행차하여 승려 학열(學悅)에게 명하여 중수하게 하였다. 절 앞에는 계곡에 걸쳐 누각을 세웠는데 이름하여 산영루(山映樓)라고 한다. 절 뒤에는 성불점(成佛岾)과 환희점(歡喜岾)이 있다. ○신계사(新溪寺)가 있다. 암석과 못과 폭포의 경치가 뛰어나다. 절 북쪽에는 온정(溫井)과 백정봉(百井峰)이 있다. ○발연사(鉢淵寺)가 남강(南江) 위에 있다. 절에는 용연(龍淵)이 있다. 혹은 감호(鑑湖)라고도 한다. 모양이 스님들의 밥그릇[鉢] 같다. 채하봉(彩霞峰)이 있다. ○성불암(成佛岩)이 있는데 동해가 내려다보이며 해 뜨는 곳을 바라볼 수 있다〉

월비산(月飛山)〈읍치로부터 북쪽으로 10리에 있다. 삼일포(三日浦)의 북쪽이다〉

공수산(公須山)〈읍치로부터 남쪽으로 15리에 있다〉

이륜산(峽崙山)〈읍치로부터 남쪽으로 25리에 있다〉

덕산(德山)〈읍치로부터 남쪽으로 40리에 있다〉

탄주산(炭柱山)〈읍치로부터 서남쪽으로 60리에 있다〉

불정암(佛頂岩)〈읍치로부터 서쪽으로 67리에 있다. 바위 위에는 구멍이 있는데 그 깊이는 끝을 알 수 없다. 바위 아래에 불정암(佛頂庵)이 있다〉

응암(鷹岩)〈읍치로부터 북쪽으로 23리에 있다. 산세가 기이하며 험하다. 바위 하나가 있는데 멀리 보면 웅크리고 있는 호랑이 같고, 가까이 보면 나는 매[鷹]같다〉

현종암(懸鍾岩)〈읍치로부터 남쪽으로 13리에 있다. 외로운 봉우리가 천 길은 되는 것이 동해를 베개 삼고있다. 봉우리 꼭대기에 바위가 있는데 마치 집 같다. 그 안은 우묵하게 들쭉날쭉하여 마치 벌레 먹은 과일 같다. 가운데는 수십 명이 앉을 수 있는 공간이 있다. 바위 북쪽에는 또 바위가 있는데 마치 기둥이 반석을 떠받치고 있는 것 같다〉

화현(花峴)〈고성군 동쪽 바닷가 변에 있다. 돌산이 바다에 돌출해있다. 대의 머리는 푸른 돌로 되어 솟아오르고 자빠져 빽빽이 들어서 있는 것이 마치 말 만 마리가 경주를 하고 있는 것 같다. 나머지 여력은 돌 사이의 구멍을 때리니 소리가 융융하여 쇠종을 치는 것 같다. 바다

와 하늘이 한눈에 보여 구분이 없으니 여행객들이 일출을 보고자 할 때는 이곳에 많이 온다〉

구룡동(九龍洞)〈곧 유점사(榆岾寺) 동북쪽에 있다. 만 길이나 되는 석벽이 있는데 그 위에 큰 폭포가 높은 봉우리로부터 날아 내려와 큰 돌절구를 만들었는데 9층이나 된다. 산 벼랑의 물길은 모두 빛이 나며 깨끗하다. 흰 돌이 기울어져 험하고 높다. 기울어져 자라는 삼림이 울창하고 엄숙하기도 하고, 세차기도 하고 기괴하기도 하여 무엇이라고 표현할 수가 없다〉

효운동(曉雲洞)〈못이 있는데 넓이가 가히 수 이랑[묘(畝): 한 이랑은 100步/역자주]된다. 담(潭)의 뚝 방에는 움푹 파인 돌이 있는데 큰 돌절구가 9개이며, 돌계단은 마치 절구처럼 생긴 것이 서너군데 있다. 곁에는 칠성대(七星臺)가 있다〉

옥류동(玉流洞)〈골짜기가 조금 넓어 사람의 가슴을 시원하게 해준다. 몇 리를 지나니 금은폭포(金銀瀑布)가 있는데 마치 수정으로 만들 발을 쳐 놓은 듯하다. 서남쪽 산 위에는 비천(飛泉)이 아래로 흘러 수백 길을 내려오는데 마치 옷감을 펼쳐놓은 듯하다. 바라보면 울연하다. 이름하여 비봉폭포(飛鳳瀑布)이다. 위에 있는 봉우리는 마치 봉황새가 앉아있는 것과 같다. 폭포가 흘러 구룡폭포(九龍瀑布)의 하류로 들어가기를 수십 보를 하니 그곳에는 무봉폭포(舞鳳瀑)가 있다. 또 몇 리를 내려가니 5, 60길이나 되는 절벽이 한 무리 지어 있다. 구슬 같은 물이 그곳에 멈춰 흐르지를 못하고 있다가 한꺼번에 바위를 치고 내려와 백 척으로 산산이 갈라진다. 깊은 못이 흘러 부연(釜淵)을 이룬다. 신계사(新溪寺)로부터 이곳까지는 20리이다. 한 물을 건너는 데 9번을 건너야 한다. 계곡을 따라 폭포가 내려가는데 각각 절경이다. 돌은 가파르고 위험하게 생겼다〉

은신대(隱身臺)〈연로가 높고 기울어져 오르기가 힘들다. 반석(盤石)을 잡고 오르면 족히 수십 명이 앉을 수 있다. 동쪽으로는 푸른 바다를 임해있고, 북쪽으로는 석벽을 마주보고 있다. 깎인 것인 장엄하여 위엄이 있다. 폭포가 산꼭대기에서부터 나와 벽을 따라 아래로 떨어지는데 무릇 12층이나 된다. 단지 물의 힘이 잔원(潺湲)하다. ○적멸대(寂滅臺)·불정대(佛頂臺)·송림굴(松林窟)·백천계곡(百川洞)과 일출(日出)·세존(世尊)·주정(九井) 등의 봉우리는 모두 유점사(榆岾寺)의 동쪽에 있다. 절과 암자 모두 10여 채가 모두 기이한 경치로서 이 세상 같지 않다〉

단혈(丹穴)〈읍치로부터 남쪽으로 10리에 있다〉

「영로」(嶺路)

온정령(溫井嶺)〈읍치로부터 서북쪽으로 70리에 있다〉

내수점(內水岾)〈읍치로부터 서쪽으로 70리에 있다. 고갯길이 점점 평평해진다. 동쪽으로

유점사(楡岾寺)와의 거리가 20리이다. 좌우 골짜기는 매우 깊고 그윽하다〉

이현(梨峴)〈읍치로부터 서쪽으로 60리에 있다〉

앵령(櫻嶺)·회전령(檜田嶺)〈모두 읍치로부터 서남쪽으로 70리에 있다. 또 5군데가 회양 (淮陽)과의 경계이다.【회전령에 대해서는 인제(麟蹄)조에서도 보인다】〉

탄령(炭嶺)〈읍치로부터 서남쪽으로 80리에 있다〉

삽운령(揷雲嶺)〈혹은 삽시령(揷時嶺)이라고도 한다. 읍치로부터 서남쪽으로 90리에 있다. 이상 2고개는 인제(麟蹄) 및 서화(瑞和)와 통하는 길이다〉

구령(狗嶺)〈읍치로부터 서쪽으로 35리에 있다. 유점(楡岾)으로 가는 길이다〉

구장천(九壯遷)〈읍치로부터 남쪽으로 25리에 있다〉

○동해바다(東海)〈읍치로부터 동쪽으로 9리에 있다. 고성군으로부터 북쪽으로는 통천(通 川)과의 경계이며, 남쪽으로는 간성(杆城)과의 경계까지 18리이다〉

남강(南江)〈물의 근원은 내수점(內水岾)에서 시작되어 동쪽으로 흘러 구룡연(九龍淵)이 되고 동남쪽으로 흘러 주연(舟淵)이 된다. 또 남쪽으로 흘러서 흑연(黑淵)이 되고 돌아서 북쪽 으로 흘러서 전탄(箭灘)이 된다. 오른쪽으로 온정령(溫井嶺)의 물을 지나 왼쪽으로 수동천(水 洞川)을 지나고, 동쪽으로 흘러 고성군의 남쪽을 지나 몇 리를 가 고성포(高城浦)가 되어 바다 로 들어간다. 바다 가에는 물을 막아 만든 호수와 맑은 웅덩이가 많다〉

수동천(水洞川)〈물의 근원은 삽운령(揷雲嶺)·탄령(炭嶺)·회전령(檜田嶺)·앵령(櫻嶺) 등 에서 시작되어 모여 북쪽으로 흘러 수동면(水洞面) 진목정(眞木亭)을 지나 남강(南江) 상류로 들어간다〉

삼일포(三日浦)〈읍치로부터 북쪽으로 7리에 있다. 밖으로는 중첩한 봉우리가 둘러싸고 있 으며, 안으로는 36개의 봉우리가 있다. 또 12개의 폭포가 골짜기에 맑게 흐르고 있으며, 소나 무들이 기이하고 옛스럽다. 물 가운데 작은 섬이 있고 푸른 돌이 평평하게 물을 포용하고 있다. 물 남쪽에 또 작은 봉우리가 있고 봉우리 위에 돌 감실(石龕)이 있다. 봉우리의 북쪽 벼랑에는 6자의 붉은 글씨(丹書)가 있다. 삼일포의 북쪽에는 몽천암(夢泉庵)이 있고 남쪽 벼랑에는 매향 비(埋香碑)가 있는데, 이는 원나라 지대(至大) 2년(1309, 고려 충선왕 1년)에 단서(丹書) 곁에 심었다〉

선담(船潭)〈유점사(楡岾寺) 서쪽에 있다. 거석이 움푹 파인 것이 마치 배 같다. 물결이 맑고 깊다. 못 위에는 넓은 바위가 있는데 앞부분은 끊어져있다. 한 길이가 넘는 폭포는 마치 발[렴

(簾)]을 드리운 것 같으며 흘러 선담으로 들어간다. 못(潭)의 바닥은 바위인데 마치 쇠칼 같다〉

온정(溫井)〈읍치로부터 서북쪽으로 55리에 있다. 세조 11년(1465)에 왕이 이곳에서 쉬었다〉

영진곶(靈津串)〈읍치로부터 북쪽으로 22리에 있다. 금강산의 동쪽 지류이다. 바다를 베개처럼 의지하고 있는데 마치 주름치마를 쌓아놓은 모양이다〉

명사(鳴沙)〈읍치로부터 남쪽으로 24리에 있다. 자세한 설명은 간성(杆城)조에 있다〉

「도서」(島嶼)

송도(松島)〈읍치로부터 남쪽으로 23리에 있다. 모래사장이 육지와 이어져 있다. 파도가 일면 들어가지 못한다〉

칠성봉(七星峰)〈읍치로부터 동남쪽으로 10여 리에 있다. 바다 가운데 점점이 외로이 서있는 봉우리로서, 여러면으로 줄지어 서있다. 하얗게 깎여 있기 때문에 바다 색깔과 구분이 되지 않는다. 파도가 이는 것이 봄날에 눈이 날리는 것 같다〉

해금강(海金剛)〈읍치로부터 동쪽으로 10리에 있다. 바다 가운데 칠성암(七星岩)이 빼어나 있으며 동쪽으로 층을 이룬 바위가 벼랑에 의지해 서있는데 더러는 수십 길이며 더러는 3,4길이다. 뾰족하고 날카롭기가 마치 쇠칼이나 창 같다. 교묘히 잘 다듬어 기이하다. 면면이 봉우리를 이루고 있는데 이루다 셀 수가 없다. 그 봉우리 사이로 눈 같은 파도가 달려왔다가 달려가고, 튀어 오르면 이내 곧 물 속으로 빠져버린다. 벽에는 남아 있는 기포들이 부딪히고 굽었다가는 흩어져 물 속으로 흩어져 내려가 만 폭을 이룬다. 한 굽이에 이르러서는 병풍을 이루는데 만개의 봉우리가 촉립하여 삐져 나온 것이 더욱 교묘하니 이름하여 군옥대(群玉臺)라 부른다. 바위 색깔은 모두 붉다〉

『성지』(城池)

읍성(邑城)〈성의 둘레는 2,796척이다. 우물이 4개 있다〉

금성(金城)〈읍치로부터 서쪽으로 8리에 있다. 금성산(金城山)이라 부른다. 성의 둘레는 262보(步)이다〉

환가현성(豢猳縣城)〈양진역(養珍驛) 북쪽에 있다. 성의 둘레는 1,796척이다. 우물이 1개 있다. ○고려 정종(靖宗) 7년(1041) 환가현에 성을 쌓았는데, 168칸이다〉

안창현성(安昌縣城)〈대강역(大康驛) 서쪽에 있으며 고성군과의 거리는 23리이다. 성의 둘

레는 2,008척이다. 우물이 1개 있다〉

성곶장성(城串長城)〈읍치로부터 북쪽으로 36리에 있다. 통천(通川)과의 경계이다. 성의 길이는 982척이다. ○신라 성덕왕 3년(704)에 하슬라도(何瑟羅道)의 장정(丁夫: 각종 조세와 국역을 부담하던 양인(良人) 남자의 총칭. 정인(丁人), 인정(人丁)이라고도 함/역자주)을 징발하여 북쪽 경계에 장성을 쌓았다〉

『진보』(鎭堡)
고성포진(高城浦鎭)〈읍치로부터 동쪽으로 10리에 있다. 조선시대에 수군만호(水軍萬戶)를 두었다〉

『창고』(倉庫)
읍창(邑倉)
외창(외倉)〈읍치로부터 남쪽에 있다〉

『역참』(驛站)
고잠역(高岑驛)〈읍치로부터 남쪽으로 2리에 있다〉
양진역(養珍驛)〈환가고현(豢假古縣)의 남쪽에 있다.【양진(養珍)은 옛 양전(養栓)이다】〉
대강역(大康驛)〈안창고현(安昌古縣)에 있다.【대강(大康)은 옛 태강(泰康)이다】〉

『진도』(津渡)
남강진(南江津)〈읍치로부터 남쪽으로 3리에 있다〉

『교량』(橋梁)
백천교(百川橋)〈남강(南江) 상류에 있다〉

『토산』(土産)
송이버섯[송심(松蕈)]·석이버섯[석심(石蕈)]·벌꿀[봉밀(蜂蜜)]·미역[곽(藿)]·김[해의(海衣)]·우모(牛毛)·참가사리[세모(細毛)]·전복[복(鰒)]·해삼(海蔘)·홍합(紅蛤)·문어(文魚)·소금[염(鹽)] 및 어물(魚物) 10여 종은 간성군(杆城郡)의 토산물과 같다. (즉, 대구[대구어(大口魚)]·문어(文魚)·연어(鰱魚)·도루묵[은구어(銀口魚)]·방어(魴魚)·은어(銀魚)·황어(黃魚)·광어(廣魚)·고등어[고도어(古刀魚)]·송어(松魚) 등이다/역자주)

『장시』(場市)

읍내(邑內)의 장날은 3일과 8일이며 일북(一北)의 장날은 1일과 6일이다.

『누정』(樓亭)

망선정(望仙停)〈읍내에 있다〉

해산정(海山亭)〈읍내에 있다. 서쪽으로 금강산(金剛山)을 마주보고 있다. 동쪽으로는 푸른 바다가 보이고 남쪽으로는 긴 강이 빙 둘러있어 크고 작고 그윽하고 밝기가 극치이다. ○정자의 동쪽에는 칠성암(七星岩)이 깎아 놓은 옥이 바다 가운데 병렬해 있는 듯하다. 정자의 남쪽에는 고산대(高山臺)가 있으며, 남강(南江)이 그 아래를 지난다〉

대호정(帶湖亭)〈고산대(高山臺)에 있다. 난간 아래 푸른 강이 흐르고 강 밖은 적벽(赤壁)이다〉

사선정(四仙亭)〈읍치로부터 서쪽에 있다. 무선석(舞仙石)이 있으며 암석이 기이하고 빼어나다. 그 위에는 작은 비석이 있는데 삼일포(三日浦) 단서비(丹書碑) 곁에 있다〉

『단유』(壇壝)

상악(霜岳)〈『신라 사전(新羅祀典: 정확히 말하면 『삼국사기』 권32, 잡지 1, 제사조이다/역자주)』에 보면 "고성군(高城郡)에 있으며, 명산(名山)이므로 소사(小祀: 신라의 산천에 대한 국가적 제사 중에서 가장 작은 제사 신라 소사의 대상은 상악(霜岳)이하 서술(西述)까지 24~25개처이다/역자주)를 지냈다."고 되어 있다〉

『전고』(典故)

고려 현종 19년(1028)에 동여진(東女眞) 해적의 배 15척이 고성에 쳐들어왔다. 또 용진진(龍津鎭)에 침략하여 중낭장(中郎將) 박흥언(朴興彦) 등 70여 명을 잡아갔다. 문종 2년(1048)에 환가현이 동번 여진(東蕃) 해적의 침략을 받아 남녀 100여 명이 살상되었다. 고종 36년(1249)에 별초(別抄) 군이 쳐들어온 동진적(東眞賊)을 맞아 고성(高城)과 간성에서 싸워 모두 이겼다. 동왕 45년(1258) 동진이 배를 타고 내려와 고성현(高城縣)의 송도(松島)를 포위하고 전함을 불질렀다. 충렬왕 36년(1290)에 우군만호(右軍萬戶) 김흔(金忻)이 환가현에 주둔하여 합단적(哈丹賊)의 침략에 대비하였다. 우왕 9년(1383)에 왜구가 동산으로부터 후퇴하다가 고성포(高城浦)에 이르러 배를 타고 해안에 올라와 노략질하였다.

7. 통천군(通川郡)

『연혁』(沿革)

본래 (고구려)의 휴양군(休壤郡)이었다.〈혹은 금뇌(金惱) 라고도 한다〉신라 경덕왕 16년(757)에 금양군(金壤郡)으로 고쳐〈영현(領縣)은 임도(臨道)·제상(堤上)·습계(習谿)·파천(派川)·학포(鶴浦)이다〉명주도독부(溟州都督府)에 예속하였다. 고려 현종 때 현령(縣令)으로 강등하였다.〈속현(屬縣)은 임도(臨道)·벽산(碧山)·운암(雲岩)이다〉충렬왕 11년(1285)에 통주방어사(通州防禦使)로 승격하였다. 조선 태종 13년(1413)에 통천군(通川郡)으로 바꾸었다. 영조 38년(1762)에 현(縣)으로 강등하였다〈아버지를 죽인 죄인 때문이다〉동왕 47년(1771)다시 회복하여 군(郡)으로 승격하였다.

「읍호」(邑號)

금란(金蘭)이다.

「관원」(官員)

군수(郡守) 1명을 두었다.〈강릉진관 병마 동·첨절제사 방수장(江陵鎭管兵馬同僉節制使防守將)을 겸하였다〉

『고읍』(古邑)

임도 고현(臨道古縣)〈읍치로부터 남쪽으로 30리에 있다. 본래 조을포(助乙浦)이다. 신라 경덕왕 16년(757)에 임도(臨道)로 고쳤다. 혹은 도임(道臨)이라고도 한다. 금양군의 영현(金壤郡領縣)으로 삼았다. 고려 때 이곳의 속현이 되었다〉

벽산 고현(碧山古縣)〈읍치로부터 남쪽으로 15리에 있다. 본래 토상(吐上)이었다. 신라 경덕왕 16년(757)에 제상(堤上)으로 고치고 금양군의 영현으로 삼았다. 고려 태조 23년(940)에

벽산(碧山)으로 고쳤으며 현종 때 이곳의 속현이 되었다〉

운암 고현(雲岩古縣)〈읍치로부터 남쪽으로 50리에 있다. 본래 평진현(平珍峴)이었다. 혹은 천현(遷峴)이라고도 한다. 신라 경덕왕 16년(757)에 편험(偏險)으로 고치고 고성군(高城郡)의 영현으로 삼았다. 고려 태조 23년(940)에 운암(雲岩)으로 고치고 현종 9년(1018)에 이곳의 속현으로 삼았다〉

『방면』(方面)
군내면(郡內面)〈읍치로부터 10리에서 끝난다〉
순달면(順達面)〈읍치로부터 북쪽으로 5리에서 시작하여 15리에서 끝난다〉
용연면(龍淵面)〈읍치로부터 북쪽으로 5리에서 시작하여 10리에서 끝난다〉
수염면(守念面)〈읍치로부터 동쪽으로 5리에서 시작하여 10리에서 끝난다〉
벽산면(碧山面)〈읍치로부터 서남쪽으로 10에서 시작하여 40리에서 끝난다〉
양원면(養院面)〈읍치로부터 남쪽으로 10리에서 시작하여 20리에서 끝난다〉
산남면(山南面)〈읍치로부터 남쪽으로 20리에서 시작하여 40리에서 끝난다〉
임도면(臨道面)〈읍치로부터 남쪽으로 35리에서 시작하여 85리에서 끝난다〉

『산수』(山水)
등화산(登禾山)〈읍치로부터 북쪽으로 1리에 있다〉
금란산(金蘭山)〈읍치로부터 동쪽으로 12리 떨어진 해변 가에 있다〉
쌍학산(雙鶴山)〈읍치로부터 서북쪽으로 15리에 있다〉
삼변산(三邊山)〈읍치로부터 남쪽으로 10리에 있다〉
마산(馬山)〈읍치로부터 남쪽으로 20리에 있다〉
금란굴(金蘭窟)〈읍치로부터 동쪽으로 12리에 있다. 민둥산 봉우리가 활 모양으로 둥그스럽게 하늘에 닿아있으며 동쪽으로는 바다에 임하여 있다. 그 봉우리는 깎아지른 벼랑에 굴이 있는데 넓이가 7, 8척이 되고, 깊이는 가히 10여 보는 된다. 우러러 쳐다보면 양쪽 벽이 서로 합해 있고 구부려 내려다보면 물이 깊어 측량할 수 없다. 굴이 원래 깊고 물기가 젖어 있기 때문에 언제나 으슥하고 축축하다. 바람이 일면 놀란 물결이 사납게 튀어 갈 수가 없다〉
두백산(荳白山)〈읍치로부터 남쪽으로 38리에 있다〉

「영로」(嶺路)

추지령(楸池嶺)〈읍치로부터 서쪽으로 40리에 있다. 회양(淮陽)과의 경계이다. 대로이나 돌 비탈길이며 굽은 것이 마치 양 창자 같다. 내려오는 길이 무릇 17,8리이다. 동쪽 기슭에는 용공사(龍貢寺)가 있다. 고개의 동쪽 20리 길에는 중대관(中臺館)이 있는데 이곳에서 통천읍까지는 20리이다〉

찰파현(察破峴)〈읍치로부터 서쪽으로 40리에 있다〉

판막령(板幕嶺)〈읍치로부터 서남쪽으로 50리에 있다〉

쇄령(灑嶺)〈읍치로부터 서남쪽으로 60리에 있다. 이상 3곳은 회양(淮陽)과 통하는 사잇길이다. 모두 험저하다. 고개의 남쪽지류에는 굴와동(窟瓦洞)이 있고, 동쪽지류에는 명도암(明道庵)이 있다〉

저유령(猪蹂嶺)〈읍치로부터 서쪽으로 40리에 있다. 추지령(楸池嶺)으로부터 북쪽으로 10리이다. 회양(淮陽)과 통하는 작은 길이다〉

옹천(甕遷)〈읍치로부터 남쪽으로 70리에 있다. 산이 바다를 베개삼고 있는 길이 산의 배를 감아있어 말이 병행해 갈 수 없다. 아래는 바다로, 파도가 분격해 쳐 오를 때 그곳에 가까이 가면 두근거리며 무서움이 느껴져 족히 심장이 더워지고 말을 더듬게 된다. 고려 말에 왜구(倭寇)가 이 길로 쳐들어오니 관군이 맞아 싸워 모두 바다에 빠뜨려 죽였기 때문에 이곳을 왜윤천(倭淪遷)이라고도 한다〉

문암(門岩)〈읍치로부터 남쪽으로 40리에 있다. 길이 바다가로 나와 있다. 이상 2곳은 고성(高城)으로 가는 길이다〉

○동해바다(東海)〈읍치로부터 동쪽으로 10리에 있다. 북쪽으로는 흡곡(歙谷)과 경계이다. 남쪽으로는 고성(高城)과의 경계에 이른다. 바다에 연해 굴곡이 있는 것이 백여 리이다〉

십이현천(十二峴川)〈읍치로부터 북쪽으로 5리에 있다. 물의 근원은 흡곡 흑치(歙谷黑峙)에서 시작되어 동쪽으로 흘러 흡곡의 후봉산(後峰山)의 한교천(寒橋川)에서 합쳐져 십이현천(十二峴川)이 되어 동쪽으로 흘러 바다로 들어간다〉

남천(南川)〈물의 근원은 추지령(楸池嶺)에서 나와 동쪽으로 흘러 통천군의 남쪽을 지나 바다로 들어간다〉

마산천(馬山川)〈읍치로부터 남쪽으로 22리에 있다. 물의 근원은 찰파현(察破峴)에서 시작되어 동쪽으로 흘러 바다로 들어간다〉

운암천(雲岩川)〈읍치로부터 남쪽으로 45리에 있다. 물의 근원은 쇄령(灑嶺)에서 시작되어 동쪽으로 흘러 운암고현(雲岩古縣)을 지나 바다로 들어간다〉

「도서」(島嶼)

난도(卵島)〈동해 가운데 물길로 50리에 있다. 사면에 석벽이 가파르게 서있다. 오직 서쪽으로 하나의 길은 해안과 통하여 고깃배 한척이 겨우 닿을 수 있다. 매해 3, 4월이면 이 섬에 새들이 모여 알을 낳고 기른다〉

저도(猪島)·황도(荒島)·송도(松島)·사도(沙島)〈이 4섬은 모두 육지에 가까운 작은 섬이다〉

『성지』(城池)

읍성(邑城)〈조선 중종 때 개축하였다. 성의 둘레는 3,940척이다. 우물이 2개 있다〉

벽산현성(碧山縣城)〈성의 둘레는 2,125척이다〉

북산성(北山城)〈읍치로부터 북쪽으로 2리에 있다. 성의 둘레는 549척이다. 우물이 1개 있다〉

황현성(黃峴城)〈읍치로부터 북쪽으로 2리에 있다. 성의 길이는 175척이다〉

금란성(金蘭城)〈읍치로부터 남쪽으로 10리에 있다. 성의 둘레는 1,372척이다〉

천정수(泉井戍)〈읍치로부터 남쪽으로 53리에 있다. 지금은 수곶(戍串)이다〉

고려 목종 8년(1005) 금양현(金壤縣)에 성을 쌓았다.〈768칸이다〉고려 현종 3년(1012)에 금양(金壤)에 성을 쌓았다.

『창고』(倉庫)

읍창(邑倉)

외창(外倉)〈읍치로부터 남쪽으로 55리에 있다. 운암현(雲岩縣)에 있다. 동창(東倉)이라고 부른다〉

『역참』(驛站)

거풍역(巨豊驛)〈옛 이름은 장풍역(長豊驛)이다. 읍치로부터 북쪽으로 2리에 있다〉

조진역(朝珍驛)〈옛 이름은 초진역(超塵驛)이다. 읍치로부터 남쪽으로 50리에 있다〉

등로역(藤路驛)〈읍치로부터 남쪽으로 30리에 있다〉

『토산』(土産)

오미자(五味子)·석이버섯[석심(石蕈)]·벌꿀[봉밀(蜂蜜)]·미역[곽(藿)]·소금[염(鹽)]·전복[복(鰒)]·홍합(紅蛤)·해삼(海蔘) 및 어물(魚物) 13종이 있다.

【○황장봉산(黃腸封山)〈1곳이다〉】

『누정』(樓亭)

총석정(叢石亭)〈읍치로부터 북쪽으로 19리에 있다. 가로지른 봉우리가 뾰족하게 바다에 나와 있다. 봉우리에 달린 벼랑에 따라 있는 돌들이 즐비하게 서있는데 6면형(六面形)으로 마치 옥을 깎아 세운 기둥 같다. 돌의 둘레가 사방 각각 한 척쯤은 되며 높이는 5, 6길이 된다. 방직(方直)하고 평정(平正)한 것이 먹줄을 쳐서 깎아 세운 것 같은 데 대소의 차이가 없다. 또 언덕에서 10여 척은 떨어진 곳에 돌 4덩이가 물 가운데 떨어져 서 있는데 사선봉(四仙峰)이라고 한다. 모두 작은 돌덩어리가 여러 모양을 이뤄 수십 덩이가 합쳐져 하나의 봉우리를 이루고 있다. 사선봉으로부터 조금 북쪽으로 가면 돌의 형상이 또 변하여 혹은 길고, 혹은 짧으며, 혹은 기울고, 혹은 가로 놓여 있으며, 혹은 쌓이고, 혹은 흩어져 있어 모두가 기이하고 이상하다〉

환선정(喚仙亭)〈총석정(叢石亭)의 북쪽에 있다. 사선봉(四仙峰)을 둘러싸 바라보고 있는 것이 마치 두 다리를 드리우고 있는 것 같다. 대나무가 자라고 있다. 또 환선정을 따라 북쪽으로 이어져 있는 벼랑들이 여러 가지 모양으로 둘러 있는데 기교하기가 날카로운 칼로 다듬은 듯하고, 가로로 잘린 것은 마치 짧은 나무를 층층이 쌓아놓은 것 같다. 뛰어난 장인(匠人)이 아니면 결단코 조각할 수가 없을 정도이다〉

『전고』(典故)

고려 문종 3년(1049)에 동번(東蕃)의 해적이 금양현(金壤縣)에 쳐들어와 28명을 잡아갔다. 또 임도현(臨道縣)을 노략하여 17명을 포로로 잡아갔다. 이에 운암현(雲岩縣) 대정(隊正: 고려시대 중앙군 중 최하위지휘관 종9품/역자주) 유고(惟古) 등이 밤 순찰을 돌다가 천정수(泉井戌)에 다다르니 여진적(女眞賊) 40여 명이 막사로 돌입해 왔다. 유고 등이 몸을 빼서 분격하여 싸우니 도적이 패멸되어 도망갔다. 고려 고종 44년(1257)에 몽골병(蒙古兵)이 등주(登州)로부터 포위를 풀고 나와 금양성(金壤城)으로 향하였다.

8. 울진현(蔚珍縣)

『연혁』(沿革)

본래 (고구려)의 우진야현(于珍也縣)이었다.〈혹은 어진(御珍)이라고도 하며, 혹은 고우이(古亏伊)라고도 한다〉신라 경덕왕 16년(757)에 울진군(蔚珍郡)으로 고쳤다.〈영현(領縣)은 해곡(海曲)이다〉명주(溟州)에 예속되었다. 고려 현종 때 현령(縣令)으로 강등하였다. 조선조에도 그대로 따랐다.

「읍호」(邑號)

선사(仙槎) 이다.

「관원」(官員)

현령(縣令) 1명을 두었다.〈강릉진관 병마 절제사 도위(江陵鎭管兵馬節制使都尉)를 겸하였다〉

『고읍』(古邑)

해곡 고현(海曲古縣)〈읍치로부터 남쪽으로 30리에 있다. 덕신역(德新驛) 땅이다. 본래 파단(波旦)이었다. 또는 파풍(波豊)이라고도 한다. 신라 경덕왕 16년(757)에 해곡(海曲)으로 고쳐 울진군(蔚珍郡)의 영현(領縣)으로 삼았다. 고려 초에도 그대로 속현이 되었다〉

『방면』(方面)

하현내면(下縣內面)〈읍치로부터 동쪽으로 10리에서 끝난다〉

상현내면(上縣內面)〈읍치로부터 서쪽으로 5리에서 시작하여 17리에서 끝난다〉

근남면(近南面)〈읍치로부터 남쪽으로 7리에서 시작하여 15리에서 끝난다〉

원남면(遠南面)〈읍치로부터 15리에서 시작하여 40리에서 끝난다〉

근북면(近北面)〈읍치로부터 북쪽으로 17리에서 시작하여 23리에서 끝난다〉

원북면(遠北面)〈읍치로부터 북쪽으로 23리에서 시작하여 45리에서 끝난다〉

근서면(近西面)〈읍치로부터 서쪽으로 20리에서 시작하여 40리에서 끝난다〉

원서면(遠西面)〈읍치로부터 서쪽으로 40리에서 시작하여 80리에서 끝난다〉

『산수』(山水)

안일왕산(安逸王山)〈읍치로부터 서북쪽으로 40리에 있다〉

반이산(潘伊山)〈읍치로부터 서쪽으로 55리에 있다〉

잠산(蠶山)〈읍치로부터 남쪽으로 40리에 있다〉

매산(梅山)〈읍치로부터 서남쪽으로 40리에 있다〉

잘비산(乭非山)〈읍치로부터 서북쪽으로 43리에 있다〉

삼방산(三方山)〈안일왕산(安逸王山)의 북쪽에 있다. 용담(龍潭)이 있다〉

양립산(襄笠山)〈읍치로부터 서북쪽으로 60리에 있다. 백병산(白屛山)의 동쪽 지류이다〉

죽진산(竹津山)〈읍치로부터 동쪽으로 8리에 있다〉

전우인산(全友仁山)〈읍치로부터 남쪽으로 20리에 있으며 해변과 어우러져 있다〉

백련산(白蓮山)〈읍치로부터 남쪽으로 17리에 있다. ○성유사(聖留寺)가 돌 벼랑에 있다. 아래로는 장천(長川)이며 벼랑 위는 석벽이 천 길이다. 벽에는 조그마한 구멍이 있는데 성유굴(聖留窟)이라고 한다. 옛 이름은 탱천굴(撐天窟)이다. 굴이 그윽하고 깊어 불을 켜야 들어가 걸을 수 있다. 걸으면서 앞으로 가는데 혹은 좁고, 혹은 넓으며 돌의 모양이 서로 달라 깃발 같기도 하고, 탑 같기도 하고, 불상 같기도 하고, 고승 같기도 하다. 오색이 찬연하며 들어갈수록 점점 기이하여 이루 말로 표현할 수 없다. ○일산사(釰山寺)·성유암(聖留庵)·천량암(天糧庵)이 있다〉

불영산(佛影山)〈읍치로부터 서남쪽으로 30리에 있다〉

비봉산(飛鳳山)〈읍치로부터 서쪽으로 20리에 있다〉

생달산(生達山)〈읍치로부터 서쪽으로 50리에 있다〉

백병산(白屛山)〈읍치로부터 서북쪽으로 70리에 있다. 삼척(三陟)과의 경계이다〉

울연산(蔚然山)·일마산(釰磨山)·비파산(毖琶山)〈모두 읍치로부터 서쪽으로 80리에 있다. 영양(英陽)과의 경계이다〉

백암산(白岩山)〈읍치로부터 서남쪽으로 45리에 있다. 평해(平海)와의 경계이다. ○불귀사(佛歸寺)가 있다. 신라 승려 의상(義湘)이 창건한 절이다. 진관사(眞觀寺)가 있다〉

릉허대(凌虛臺)〈현의 동쪽에 있다. 앞에는 작은 호수가 있다〉

주천대(酒泉臺)〈읍치로부터 남쪽으로 10리에 있다〉

임의대(臨猗臺)〈평해(平海) 망진정(望津亭) 두둑에 있다〉

「영로」(嶺路)

갈령(葛嶺)〈읍치로부터 북쪽으로 40리에 있다. 삼척(三陟)과의 경계이며 대로(大路)이다〉

고초령(高草嶺)〈읍치로부터 서쪽으로 80리에 있다. 영양(英陽)과의 경계이다. 중로(中路)로서 자못 험하다〉

광비령(廣庇嶺)〈읍치로부터 서쪽으로 80리에 있다. 영양(英陽) 및 안동(安東)으로 통하는 대로이다〉

직치(直峙)〈읍치로부터 서북쪽으로 80리에 있다. 안동(安東)과 통하는 소로(小路)이다〉

건이치(建伊峙)〈읍치로부터 서쪽으로 10리에 있다〉

광현(廣峴)〈읍치로부터 서쪽으로 25리에 있다〉

내조령(內鳥嶺)〈읍치로부터 서쪽으로 40리에 있다〉

조성령(鳥城嶺)〈혹은 조소령(造召嶺)이라고도 한다. 읍치로부터 서쪽으로 60리에 있다. 이상 4곳은 고초령(高草嶺)으로 가는 길이다〉

정치(鼎峙)〈읍치로부터 서북쪽으로 30리에 있다〉

두암(竇岩)〈읍치로부터 북쪽으로 20리에 있다. 혹은 문암(門岩)이라고도 한다. 해로로 삼척(三陟)과 통한다〉

【죽변곶(竹邊串)〈읍치로부터 북쪽으로 20리에 있다〉】

○동해바다(東海)〈읍치로부터 동쪽으로 8리에 있다. 북쪽으로는 삼척(三陟)과 경계이다. 남쪽으로는 평해(平海)와의 경계가 연해로 100여 리에 이른다〉

전천(前川)〈물의 근원은 안일왕산(安逸王山)으로부터 시작되어 동쪽으로 흘러 현(縣)의 앞을 지나 바다로 들어간다〉

흥부천(興富川)〈물의 근원은 삼방산(三方山)에서 시작되어 동쪽으로 흘러 흥부역(興富驛)을 지나 바다로 들어간다〉

수산천(守山川)〈읍치로부터 남쪽으로 11리에 있다. 물의 근원은 백병산(白屛山)·울연산(蔚然山)·일마산(釰磨山)에서 시작되어 동쪽으로 흘러 서남쪽으로 15리에 이르면 왼쪽으로 금계천(錦溪川)을 지나서 백련산(白蓮山)의 북쪽을 경유하고, 왼쪽으로 원남천(遠南川)을 지나서 동쪽으로 흘러 (마지막으로) 수산역(守山驛)을 지나 바다로 들어간다〉

금계천(錦溪川)〈물의 근원은 비파산(琵琶山)의 길곡(吉谷)에서 시작되어 동쪽으로 흘러 비천(飛川)이 되어 수산천(守山川)으로 들어간다〉

원남천(遠南川)〈물의 근원은 백암산(白岩山)의 동쪽에서 시작되어 동쪽으로 흘러 수산천(守山川)으로 들어간다〉

골장포(骨長浦)〈읍치로부터 북쪽으로 11리에 있다〉

약사진(藥師津)〈읍치로부터 동쪽으로 8리에 있다〉

온천(溫泉)〈현의 북쪽 주인리(周仁里)에 있다. 물이 약간 따뜻하다〉

「도서」(島嶼)

울릉도(鬱陵島)〈본 현의 정동쪽 바다 가운데 있다. 옛날에는 우산도(于山島), 또는 무릉도(武陵島), 또는 우릉도(羽陵島), 또는 우릉도(芋陵島)라고도 하였다. 섬의 둘레는 200여 리이다. 동서로는 70여 리, 남북으로 50여 리 이다. 세 봉우리가 곧게 솟아 하늘에 닿아있는데 모두 돌산이다. 울진현에서 날씨가 맑을 때 높은 곳에 올라 바라보면 섬이 보이고, 만일 구름이 껴 문득 바람이 불면 2일이면 가히 도착할 수 있다. 왜인(倭人)들은 죽도(竹島)라고 부른다. 일본의 은기주(隱歧州)와 가깝다. 왜선의 고깃배들이 때때로 이곳에 온다. 중봉(中峰)으로부터 정동쪽 바다까지는 30여 리, 정서쪽 바다까지는 40여 리, 정남쪽으로는 20여 리이며, 정북쪽으로는 20 여 리이다. 천계(川溪)는 6, 7개 있다. 대나무 밭이 5, 6군데이다. 사람이 살았던 터는 수십 군데가 있다. 저전동(楮田洞)이 있는데 돌에는 구멍이 나 있고 흙은 붉다. 돌이 옛 터에 쌓여 있었다. 배를 정박하여 바람이 불기를 기다리는 곳이다. 섬 남쪽에는 4, 5개의 작은 섬이 있다. 섬은 모두 석벽으로 되어 있고 돌 사이에는 골이 매우 많다. 원숭이와 쥐가 매우 크며, 사람을 피할 줄을 모른다. 또 복숭아와 상척(桑拓)과 채서(茶茹) 따위의 진기한 나무와 풀로 그 이름을 알 수가 없는 것이 매우 많다. ○신라 지증왕 13년(512) 우산국(于山國)이 특별히 험하다 하여 복종하지 않자 하슬라군주(何瑟羅軍主) 김이사부(金異斯夫)를 보내 공격하여 항복을 받았다. ○고려 태조 13년(930)에 우릉도(芋陵島)에서 백길토두(白吉土豆)를 보내 공물을 바쳤다. 현종 9년(1018)에 우산국(于山國) 사람들이 여진(女眞)의 침입을 받아 농업을 폐하니, 이원구(李元龜)를 보내 농기구를 내려 주었다. 동왕 10년에 우산국 사람으로 일찍이 여진에게 잡혀갔다가 도망해 온 자들을 모두 이곳으로 돌려보냈다. 덕종 원년(1032) 우릉도(羽陵島) 성주(城主)가 아들을 보내 토산물을 바쳤다. 인종 19년(1141) 가을 7월에 명주도 도감창사(溟州道都監倉使) 이양실(李陽實)이 사람을 울릉도에 보내 과실나무를 취해오게 하였는데 나뭇잎이 이상하다 하여 바쳤다. 의종 13년(1159) 왕이 울릉도의 땅이 비옥하고 땅이 넓어 사람이 살 만하다는 말을 듣고 명주도 감창사(溟州道監倉使) 김유립(金柔立)을 보내 가서 살펴보게 하였다. 김유립이 돌아와 아뢰기를 "섬 중에는 큰 산이 있는데 산마루에서 동쪽으로 바다까지는 1만여 보(步)요, 서쪽으로는 1만 삼천 여 보, 남쪽으로는 1만 5천여 보, 북쪽으로 8천여 보이며 촌락 터는 7곳이 있다. 혹 돌부처·무쇠종·돌탑이 있으며 시호(柴胡)·고본(藁本)·석남초(石南草)가 많이 납니다. 그러나 암석이 많아 사람이 살 만하지 않습니다."고 하였으므로 이주계획 논의는 중지되었다. 명종 때 최충헌(崔忠獻, 1149~1219)이 무릉도(武陵島)에 토지가 비옥하고 진기한 나무와 해산물이 난다고 하여 사신을 보내어 가서 살피게 하고 동쪽 고을 사람들을 이주시켜 살게 하였다. 그러나 사신이 많은 진기한 나무와 해산물을 가져왔지만 자주 풍랑으로 배가 전복되는 일이 잦으니 그 살고 있던 사람들도 돌아왔다. 충목왕 2년(1346)에 동계(東界) 우릉도(芋陵島) 사람이 왕을 뵈러 왔다. 우왕 5년(1379)에 왜인이 무릉도에 들어가 보름동안 머물다가 떠나갔다.

○조선 태종 때 유민으로 울릉도로 도망간 사람이 매우 많다는 소식을 듣고 삼척사람 김인우(金麟雨)를 안무사(安撫使)로 파견해 도망자를 색출하게 하고 그 땅을 비우게 하니 김인우가 토지가 비옥하고 대나무 크기가 다릿목 같으며 쥐의 크기가 고양이 만하고 복숭아의 크기가 됫박 만하며 모든 물건이 다 이렇다고 아뢰었다. 세종 원년(1419)에 무릉도 사람 남녀 17인이 경기(京畿) 평구역(平邱驛)에 도착하여 배고파 쓰러지니 임금이 사람을 보내 이들을 구제하게 하였다. 동왕 22년(1441) 울진현 사람 만호(萬戶) 남호(南顥)를 보내 수 백 인을 거느리고 도망자를 수색해 잡아오게 하니 김환(金丸) 등 70여 명을 잡아와 비로소 땅이 비게 되었다. 성종 2년(1471)에 별도로 삼봉도(三峰島)가 있다고 아뢴 자가 있어 박종원(朴宗元) 보내 찾게 하였으나 바람이 거세 섬에 배를 정박하지 못하고 돌아왔다. 동행한 다른 한 배는 울릉도에 정박하였다가 단지 대죽(大竹)과 큰 복어(鰒魚)만 가지고 돌아와 아뢰기를 "섬 속에는 사람이 살고 있지 않습니다."고 하였다. 숙종 28년(1702) 삼척 영장(三陟營將) 이준명(李浚明)이 울릉도를 다녀와 그 섬의 지도와 자단향(紫檀香)·청죽(靑竹)·석간(石間)·주어피(朱魚皮) 등을 바쳤다. 이준명은 배를 타고 우죽(于竹)과 변곶(邊串) 2곳을 밤낮으로 돌아다니다 왔다. 영조 11년(1735) 강원도 감사(江原道監司) 조최(趙最) 등이 아뢰기를 "울릉도는 땅이 넓고 토질이 비옥하여 사람이 살았던 터가 있으며 그 서쪽에는 우산도(于山島)가 있는데 역시 광활합니다."고 아뢰었다. ○토산물은 미역[곽(藿)]·전복(鰒)·가지어(可支魚)·대소 잡어(雜魚)·잣나무(柏木)·향나무(香木)·동백나무(冬柏)·측백나무(側柏)·황백나무(黃柏)·오동나무(梧桐)·풍회엄나무(楓檜欞)·뽕나무[상(桑)]·느릅나무[유(楡)]·황대나무(篁竹)·붉은흙(朱土)·매[응조

(鷹鳥)]·제비[연(鷰)]·올빼미[시(鴟)]·삵괭이[이(貍)]·쥐[서(鼠)] 등이다〉

『성지』(城池)

읍성(邑城)〈성의 둘레는 2,560척이다. 우물이 4개 있다〉

고읍성(古邑城)〈읍치로부터 동쪽으로 5리에 있다. 성의 둘레는 1,210척이다〉

고성(古城)〈읍치로부터 북쪽으로 7리에 있다. 성의 둘레는 640척이다〉

안일왕산성(安逸王山城)〈성의 둘레는 753척이다〉

고려 목종 10년(1007) 울진에 성을 쌓았다. 고려 말에 매년 왜구(倭寇)가 쳐들어오니 백성들이 살 수가 없어 흩어져 마을이 황폐해졌다. 공양왕 3년(1391) 어세린(於世麟: 魚世麟의 오자인 듯하다/역자주)이 현령(縣令)이 되어 성보(城堡)를 보수하고 남아 있는 백성들을 위무하였다. 고읍성(古邑城)은 평지에 있다. 조선 태조 5년(1396) 왜구가 쳐들어와 분탕질하니 장순열(張巡烈)이 건의하여 마을을 산성으로 옮겼는데 지금까지도 이곳에 사람들이 살고 있다.

『진보』(鎭堡)

울진포진(蔚珍浦鎭)〈혹은 고현포(古縣浦)라고도 한다. 읍치로부터 동남쪽으로 10리에 있다. 중종 7년(1512)에 성을 쌓았다. 성의 둘레는 750척이다. 옛날에는 수군만호(水軍萬戶)가 있었다〉

『역참』(驛站)

흥부역(興富驛)〈옛 이름은 흥부역(興府驛)이다. 읍치로부터 북쪽으로 30리에 있다〉

수산역(守山驛)〈옛 이름은 수산역(壽山驛)이다. 읍치로부터 남쪽으로 10리에 있다〉

덕신역(德新驛)〈읍치로부터 남쪽으로 30리에 있다〉

「혁폐」(革廢)

조소역(祖召驛)〈읍치로부터 서쪽으로 60리에 있다. 지금은 조소원(造召院)이다〉

『토산』(土産)

활 만드는 뽕나무[궁간상(弓幹桑)]·칠(漆)·잣[해송자(海松子)]·오미자(五味子)·지치[자초(紫草)]·벌꿀[봉밀(蜂蜜)]·송이버섯[송심(松蕈)]·석이버섯[석심(石蕈)]·화살대[전죽(箭

竹)]·전복[복(鰒)]·홍합(紅蛤)·해삼(海蔘)·미역[곽(藿)]·김[해의(海衣)]·소금[염(鹽)] 및 어물(魚物) 13종이다.

【○황장봉산(黃腸封山)〈1곳이다〉】

『장시』(場市)

읍내(邑內)의 장날은 2일과 7일이며 흥부(興富)의 장날은 한 달에 세 번, 3일과 13일, 23일에 열린다. 매야(梅野)의 장날은 한 달에 세 번, 1일과 11일, 21일에 열린다.

『단유』(壇壝)

발악(髮岳: 또는 발악이라고도 한다/역자주)〈『신라 사전(新羅祀典: 정확히 말하면 『삼국사기』 권32, 잡지 1, 제사조이다/역자주)』에 보면 "진야군(珍也郡)에서 제사를 지내며, 명산(名山)으로, 소사(小祀)를 지냈다."고 기록되어 있다〉

『전고』(典故)

고려 신종 2년(1199) 명주(溟州)에 도적이 들어 울진을 함락하였다. 우왕 7년(1381)에 왜구(倭寇)가 울진현에 쳐들어오니 권현룡(權玄龍)이 맞아 싸워 왜구를 격파하고 20명의 목을 베고 말 70필을 노획하였다. 동왕 8년(1382)에 왜구가 울진에 쳐들어와 오근창(吾斤倉)과 답곡창(畓谷倉)의 곡식을 약탈코자 하였으나 끝내 가져가지 못하였다.

9. 흡곡현(歙谷縣)

『연혁』(沿革)

본래 (고구려)의 습비곡현(習比谷縣)이었다. 신라 경덕왕 16년(757)에 습계(習磎)로 고쳐 금양군(金壤郡)의 영현(領縣)으로 삼았다. 고려 태조 23년(940) 흡곡(歙谷)으로 고쳐 그대로 금양군의 속현(屬縣)으로 하였다. 고종 35년(1248) 현령(縣令)을 두었다. 조선조에도 그대로 따랐다. 선조 29년(1592)에 혁파하여 통천(通川)에 속하게 하였다가 동왕 31년(1598)에 원래대로 하였다.

「읍호」(邑號)

학림(鶴林)이다.

「관원」(官員)

현령(縣令) 1명을 두었다.〈강릉진관 병마 절제도위 방수장(江陵鎭管兵馬節制都尉防守將)을 겸하였다〉

『방면』(方面)

현내면(縣內面)〈읍치로부터 6리에서 끝난다〉

답전면(踏錢面)〈읍치로부터 남쪽으로 3리에서 시작하여 15리에서 끝난다〉

영외면(嶺外面)〈읍치로부터 서쪽으로 12리에서 시작하여 30리에서 끝난다〉

『산수』(山水)

박산(朴山)〈읍치로부터 북쪽으로 8리에 있다〉

황룡산(黃龍山)〈읍치로부터 서북쪽으로 25리에 있다. 안변(安邊) 땅이다. ○화장사(華藏寺)가 있다〉

남산(南山)〈읍치로부터 남쪽으로 4리에 있다〉

치공산(致空山)〈읍치로부터 남쪽으로 13리에 있다〉

어수산(魚水山)〈읍치로부터 남쪽으로 12리에 있다〉

석성대(石城臺)〈읍치로부터 남쪽으로 10리에 있다〉

화학대(花鶴臺)〈읍치로부터 북쪽으로 10리에 있다. 동해 가[변(邊)] 시중호(侍中湖)에 있다〉

「영로」(嶺路)

문치(文峙)〈읍치로부터 남쪽으로 15리에 있다. 통천(通川) 가는 고개이다〉

마치(馬峙)〈북쪽으로 안변(安邊)과 통하는데 매우 험하다〉

유고치(遊古峙)〈읍치로부터 북쪽으로 10리에 있다. 파천(派川) 가는 고개이다〉

길치(吉峙)〈읍치로부터 북쪽으로 15리에 있다〉

점치(點峙)〈읍치로부터 서쪽으로 25리에 있다. 이상 4곳은 안변(安邊)과의 경계를 이루고 있다〉

○동해바다(東海)〈읍치로부터 동쪽으로 5리에 있다. 북쪽으로는 안변(安邊)과 파천(派川)

과의 경계이다. 동쪽으로는 통천(通川)과의 경계까지 30리이다〉

한교천(寒橋川)〈읍치로부터 남쪽으로 15리에 있다. 물의 근원은 후봉산(後峰山)에서 시작되어 동쪽으로 흘러 통천(通川) 십이현천(十二峴川)으로 들어간다〉

논산포(論山浦)〈읍치로부터 북쪽으로 5리에 있다. 물의 근원은 길치(吉峙)에서 시작되어 동쪽으로 흘러 시중호(侍中湖)로 들어간다〉

시중호(侍中湖)〈읍치로부터 북쪽으로 7리에 있다. 호수 물이 넘치고 물가가 돌고 굽으며 밖으로는 큰 바다가 둘러있는 것이 명랑하고 삼엄하다. 모래언덕은 중첩되어 이빨처럼 서로 교차되어 있다. 호수의 굴곡이 급하나 물이 맑고 깊고 그윽하다. 작은 섬이 바다 가운데 빽빽히 서 있는 것이 7개나 된다.

「도서」(島嶼)

동덕도(東德島)〈읍치로부터 동남쪽 바다 가운데 있다. 크고 작은 2섬으로 되어 있다〉

천도(穿島)〈읍치로부터 남쪽으로 16리에 있다. 섬에는 구멍이 있어 남북으로 통한다. 바람이 불면 파도가 서로 쫓아 왕래한다. 섬 가득한 돌의 모양이 자못 기괴하다. 섬에서 남쪽으로 나아가 바다쪽으로 7, 8리를 가면 가히 총석정(叢石亭)에 닿을 수 있다. 또 총석정으로부터 바다로 걸어 남쪽으로 10여 리 가면 금란굴(金蘭窟)에 도착할 수 있다〉

난도(卵島)·우도(芋島)·증도(甑島)·석도(石島)·송도(松島)·백도(白島)〈이상은 시중호(侍中湖)의 동남쪽 바다 가운데에 있는 섬들이다〉

『성지』(城池)

고성(古城)〈읍치로부터 서쪽으로 1리에 있다. 성의 둘레는 595척이다〉

남산성(南山城)〈성의 둘레는 1,961척이다. 우물이 1개 있다〉

읍성(邑城)〈박산(朴山) 위에 있다. 성의 둘레는 293척이다. 대지(基址)는 6,531척이며, 우물이 1개 있다〉

『역참』(驛站)

정덕역(貞德驛)〈옛 이름은 동덕역(同德驛)이다. 읍치로부터 남쪽으로 3리에 있다〉

【북안변역(北安邊驛)〈읍치로부터 100리에 있다〉】

『토산』(土産)

칠(漆)·소금[염(鹽)]·벌꿀[봉밀(蜂蜜)]·석이버섯[석심(石蕈)]이며, 기타 각 어물은 통천군(通川郡)과 같다. 즉(오미자(五味子)·석이버섯[석심(石蕈)]·전복[복(鰒)]·홍합(紅蛤)·해삼(海蔘) 및 어물(魚物) 13종이 있다./역자 편집).

『장시』(場市)

읍내(邑內)의 장날은 1일과 6일이다.

『전고』(典故)

고려 우왕 8년(1382)에 왜구(倭寇)가 흡곡현(歙谷縣)에 쳐들어왔다.

부록

1. 강역(彊域)

〈본읍으로부터 다른 읍의 경계에 이르기까지를 '모읍계(某邑界) 몇 리(里)'라고 한다.〉

구 분	동쪽	동남쪽	남쪽	서남쪽	서쪽	서북쪽	북쪽	동북쪽
원주(原州)	평창130리 영월130리	제천60리	제천30리 충주40리	여주80리 이며,중간에 강이 있다.	지평50리	홍천80리	횡성40리	강릉100리
춘천(春川)	인제90리	홍천60리	홍천65리	홍천90리 가평90리	가평55리	영평100리	낭천60리	양구80리
철원(鐵原)	금화30리	금화50리 영평50리	영평40리	연천45리	삭녕30리	삭녕40리 평강40리	평강30리	-
회양(淮陽)	통천60리	고성180리 인제180리	양구180리	금성50리	평강90리, 50리	-	안변40리	흡곡75리
이천(伊川)	평강35리	-	안협15리	토산70리	신계35리	-	곡산70리	안변200리
영월(寧越)	정선100리 삼척100리 봉화100리	순흥7,80리 안동7,80리	영춘25리	-	제천45리	원주 3,40리	평창4,50리	평창30리
정선(旌善)	삼척50리	삼척100리	영월80리 평창50리	-	평창35리	-	강릉45리	강릉70리
평창(平昌)	강릉20리 정선45리	정선100리 영월100리	영월4,50리	-	원주20리	-	강릉17리	-
금성(金城)	회양100리	-	낭천20리	금화20리	평강40리	회양50리	회양50리	회양50리
평강(平康)	회양25리 금성25리	금화40리	철원15리	-	삭녕5,60리 안협5,60리	이천6,70리	이천110리	안변180리
금화(金化)	금성35리 낭천35리	낭천25리	춘천35리 영평35리	철원30리	철원15리	평강35리	회양40리	회양35리
낭천(狼川)	양구45리	춘천40리	춘천23리	춘천30리	춘천40리 금화40리	금화60리 금성60리	금성50리	회양55리 양구55리
홍천(洪川)	강릉100리	-	횡성34리	지평40리	양근80리 가평80리	-	춘천22리	인제72리

구 분	동쪽	동남쪽	남쪽	서남쪽	서쪽	서북쪽	북쪽	동북쪽
양구(楊口)	인제34리	-	춘천40리	-	춘천30리 낭천30리	낭천80리 회양80리	회양60리	회양80리 인제80리
인제(麟蹄)	양양70리	-	춘천50리 기린50리	홍천50리	춘천30리	양구40리	회양140리 고성140리	간성80리
횡성(橫城)	강릉70리	원주40리	원주15리	-	원주40리	-	홍천40리	-
안협(安峽)	삭녕15리	-	삭녕15리	-	토산30리 또 5리	-	이천45리	평강34리
강릉(江陵)	동해까지10리	동해	삼척90리	정선90리	평창150리 횡성190리 홍천200리	춘천(기린) 180리	양양60리	동해
삼척(三陟)	동해까지8리	동해	울진100리	안동130~ 140리 봉화130~ 140리	정선90리	-	강릉35리	동해
양양 (襄陽)	동해까지10리	동해	강릉65리	강릉60리	인제50리	인제55리	간성45리	동해
평해(平海)	동해까지7리	동해	영해20리	-	영양50리	-	울진40리	동해
간성(杆城)	동해까지7리	동해	양양55리	인제80리	인제45리	-	고성65리	동해
고성(高城)	동해까지8리	동해	간성33리	인제90리	회양65리	회양70리	통천35리	동해
통천(通川)	동해까지9리	동해	고성85리	-	회양40리	-	흡곡15리	동해
울진(蔚珍)	동해까지8리	동해	평해48리	영양100리	안동80리	삼척75리	삼척44리	동해
흡곡(歙谷)	동해까지5리	동해	통천18리	-	회양30리 안변30리	-	안변10리	동해

2. 전민(田民)

구 분	한전(旱田)	수전(水田)	속전(續田)	민호(民戶)	인구(人口)	군보(軍保)
원주(原州)	780결	465결	827결	7,420호	34,410구	7,488명
춘천(春川)	1,028결	274결	581결	6,200호	20,530구	3,803명
철원(鐵原)	543결	60결	543결	3,900호	17,720구	3,624명
회양(淮陽)	152결	16결	9결	4,500호	18,900구	2,755명
이천(伊川)	551결	11결	18결	3,400호	18,000구	2,782명
영월(寧越)	181결	12결	235결	2,600호	7,900구	1,578명
정선(旌善)	49결	2결	94결	1,900호	9,270구	708명
평창(平昌)	62결	2결	107결	1,470호	5,400구	700명
금성(金城)	163결	6결	10결	3,600호	13,800구	1,897명
평강(平康)	394결	18결	3결	4,600호	18,530구	3,473명
금화(金化)	185결	16결	5결	3,220호	4,880구	1,736명
낭천(狼川)	168결	13결	7결	2,350호	9,350구	1,074명
홍천(洪川)	221결	75결	351결	3,260호	10,700구	2,561명
양구(楊口)	169결	70결	197결	1,900호	7,630구	1,038명
인제(麟蹄)	108결	1결	1결	1,420호	6,220구	830명
횡성(橫城)	192결	179결	290결	3,300호	10,900구	2,203명
안협(安峽)	154결	3결	3결	2,100호	8,700구	1,188명
강릉(江陵)	686결	857결	324결	5,500호	33,500구	3,561명
삼척(三陟)	292결	157결	341결	4,000호	16,300구	2,277명
양양(襄陽)	165결	487결	50결	2,200호	9,000구	1,591명
평해(平海)	413결	381결	25결	2,500호	12,700구	2,254명
간성(杆城)	194결	406결	62결	2,600호	10,420구	1,814명
고성(高城)	132결	121결	115결	1,700호	7,040구	865명
통천(通川)	152결	143결	131결	1,800호	7,330구	1,270명
울진(蔚珍)	346결	271결	34결	3,400호	12,100구	1,697명

구 분	한전(旱田)	수전(水田)	속전(續田)	민호(民戶)	인구(人口)	군보(軍保)
흡곡(歙谷)	73결	36결	44결	670호	3,400구	460명

3. 봉수(烽燧)

할미현봉수(割眉峴烽燧)〈철원(鐵原) 남쪽에 있으며 경기도(京畿道) 영평(永平) 적골산봉수(適骨山烽燧)의 기준이 된다〉

소이산봉수(所伊山烽燧)〈철원에 있다〉

토빙봉수(吐氷烽燧)

송현봉수(松峴烽燧)

전천봉수(箭川烽燧)〈평강(平康)에 있다〉

쌍령봉수(雙嶺烽燧)

병풍산봉수(屛風山烽燧)

성북봉수(城北烽燧)

소산봉수(所山烽燧)

봉도지봉수(峰道只烽燧)

철령봉수(鐵嶺烽燧)〈회양(淮陽) 북쪽에 있으며, 함경도(咸鏡道) 안변(安邊)의 사현봉수(沙峴烽燧)의 기준이 된다. ○ 이상 11곳은 강원도 감영(江原道監營)에서 관할하는 봉수이다〉

4. 총수(總數)

방면(坊面) 239개, 민호(民戶) 80,900호, 인구(人口) 343,900명, 전세(田賦) 40,882결〈밭[한전(旱田)], 논[수전(水田)]·속전(續田:조선시대 농경지 가운데 경작하기도 하고 묵히기도 하는 전지로 해마다 경작하는 정전(正田)과 대칭된다/역자주〉, 군보(軍保:조선시대 군역의무자가 현역에 나가는 대신에 정군을 지원하기 위해 편성된 신역(身役)의 단위/역자주) 48,515명, 시장[장시(場市)]은 64곳, 보발(步撥) 6곳, 진도(津渡) 34곳, 제언(堤堰) 34곳, 릉소(陵所) 1곳, 단유(壇壝)는 4곳, 사액사원(賜額祠院) 8곳, 창고(倉庫) 93개, 황장봉산(黃腸封山) 43곳〈강릉(江陵)·삼척(三陟)·양양(襄陽)·평해(平海)·간성(杆城)·고성(高城)·통천(通川)·울진(蔚珍)·원주(原州)·춘천(春川)·회양(淮陽)·영월(寧越)·이천(伊川)·정선(旌善)·평창(平昌)·금성(金城)·인제(麟蹄)·평강(平康)·낭천(狼川)·홍천(洪川)·횡성(橫城)·양구(楊口)에 있다〉이다.

5. 사원(祠院)

○ 강릉 송담서원(松潭書院)〈인조 14 병자년(1636)에 건립되었고, 현종 원년 경자년(1660)에 사액서원(賜額書院)이 되었다〉에는 이이(李珥,1536~1584)를 모시고 있다.〈이이에 대한 설명은 문묘(文廟)조에 보인다〉

○ 원주 칠봉서원(七峰書院)〈광해군 4 임자년(1612)에 건립되었고, 현종 14 계축년(1673)에 사액서원이 되었다〉에는 원천석(元天錫,1330~?)〈자는 자정(子正)이고, 호는 운곡(耘谷)이다. 원주사람이다. 고려 진사(進士)이다. 우리 태종이 일찍이 그에게서 학문을 배웠으므로 즉위한 후에는 친히 그를 방문하였으나 끝내 (고려 왕조에 대한 절개를) 굽히지 않았다〉·원호(元豪)〈함안(咸安)조에 보인다〉·정종영(鄭宗榮,1513~1589)〈자는 인길(仁吉), 호는 항재(恒齋). 초계(草溪)사람이다. 벼슬은 우찬성(右贊成)에 올라 치사(致仕:관직에서 물러남/역자주)하였다. 시호는 청헌(淸憲)이다〉·한백겸(韓百謙,1552~1615)〈자는 명길(鳴吉)이며, 호는 구암(久庵)이다. 청주사람(淸州人)이다. 벼슬은 호조참의(戶曹參議)를 지냈으며 영의정(領議政)에 추증되었다〉

○ 원주 도천서원(陶川書院)〈숙종 19 계유년(1693)에 건립되었고, 같은 해에 사액서원이 되었다〉에는 허후(許厚,1558~1661)〈자는 중경(重卿)이며 호는 관설(觀雪)이다. 양천사람(陽川人)이며 벼슬은 장악정(掌樂正)을 지냈다〉를 모시고 있다.

○ 원주 충렬사(忠烈祠)〈현종 9 무신년(1668)에 건립되었고, 동왕 11 경술년(1670)에 사액서원이 되었다〉에는 원충갑(元冲甲,1250~1321)〈자는 자원(子元)이며 원주사람(原州人)이다. 고려조에서 응양 상장군(鷹揚上將軍)을 지냈다. 시호는 충숙(忠肅)이다〉·김제갑(金悌甲,1525~1592)〈자는 순초(順初)이며, 호는 의재(毅齋)이다. 안동사람(安東人)이다. 선조 25 임진년(1592)에 본 주의 목사(牧使)로서 전사(戰死)하였다. 벼슬은 공충도 관찰사(公忠道觀察

使)였으며 영의정에 추증되었다. 시호는 문숙(文肅)이다〉·원호(元豪, 1533~1592)〈자는 중영 (仲英)이며 원주사람(原州人)이다. 임진난 때 금화(金化)에서 전사하였다. 벼슬은 전라 좌수사 (全羅左水使)를 지냈으며 좌의정 후창부원군(左議政厚昌府院君)에 추증되었다. 시호는 충장 (忠壯)이다〉를 모시고 있다.

○ 춘천 문암서원(文岩書院)〈광해군 2 경술년(1610)에 건립되었고 인조 26 무자년(1648) 에 사액서원이 되었다〉김주(金澍,1512~1563)〈김주에 대한 설명은 안동조에 보인다〉·이황(李 滉,1501~1570)(이황에 대한 설명은 문묘조에 보인다〉·이정형(李廷馨,1561~1613)〈자는 덕형 (德馨)이며 호는 지퇴당(知退堂)이다. 경주사람(慶州人)이다. 벼슬은 이조참판(吏曹參判)을 지 냈다〉·조경(趙絅,1586~1669)〈조경에 대한 설명은 포천(抱川)조에 보인다〉을 모시고 있다.

○ 철원 포충사(褒忠祠)〈현종 6 을사년(1665)에 건립되었고 동왕 9 무신년(1668)에 사액 서원이 되었다〉 김응하(金應河,1580~1619)〈자는 경의(景義)이며 안동사람이다. 광해군 11 기 미년(1619)에 황조(皇朝: 명나라)가 군사를 징집하여 후금(後金)을 토벌하고자 할 때 좌영장 (左營將)이 되어 심하(深河)까지 들어갔으나 전사하였다. 영의정에 추증되고 시호는 충무(忠 武)이다〉를 모시고 있다.

○영월 창절사(彰節祠)〈숙종 11 을축년(1685)에 건립되었고, 숙종 35 기축년(1709)에 사액서원이 되었다〉에는 박팽년(朴彭年,1417~1456)·성삼문(成三問,1418~1456)·이개(李 塏,1417-1456)·유성원(柳誠源,?~1456)·하위지(河緯地,1412~1456)·유응부(兪應孚,?~1456) 〈이상 모두 과천(果川)조에 보인다〉·이맹전(李孟專,1392~1480)·원호(元昊, 생몰년미상)·김 시습(金時習,1435~1493)·남효온(南孝溫,1454~1492)·조여(趙旅,1420~1489)·성담수(成聃 壽,?~1456)〈모두 함안조에 보인다〉·엄흥도(嚴興道,생몰년미상)〈영월사람이다. 본부 호장(戶 長)으로 장릉(莊陵, 즉 단종(端宗)의 시신을 거두었다. 호조참의(戶曹參議)로 추증하고 공조참 판(工曹參判)을 추가로 더하였다〉를 모시고 있다.

○ 영월 배식단(配食壇)〈정조 15 신해년(1791)에 국왕의 특명으로 제단을 세웠다〉에는 안 평대군 용(安平大君 瑢)〈세종의 3째 아들이다. 자는 청지(淸之)이며 호는 비해당(匪懈堂)이 다. 단종 1 계유년(1453)에 사사(賜死)되었다. 시호는 장소(章昭)이다〉·금성대군 유(錦城大 君瑜)〈세종의 6째아들이다. 세조 3 정축년(1457)에 사사되었다. 시호는 정민(貞愍)이다.·화 의군 영(和義君瓔)〈세종의 첫째 아들이다. 정축년에 태어났다. 금성대군의 무리라 하여 유배 되었다가 죽었다. 시호는 충경(忠景)이다〉·한남군 어(漢南君 𤥁)〈세종의 4째 아들이다. 시호

는 정도(貞悼)이다〉·영풍군 천(永豊君 瑔)〈세종의 8째 아들이다. 위 두 현인은 세조 정난 후에 유배되었다가 죽었다. 시호는 정열(貞烈)이다〉·이양(李壤,?~1453)〈의안대군 화(義安大君和)의 손자이다. 계유년(단종 원년, 1453)에 화를 입었다. 벼슬은 판중추원사(判中樞院事)이다〉·권자신(權自愼,?~1456)〈현덕왕후(顯德王后: 문종의 비(妣)/역자주))의 동생이다. 안동사람이다. 정축년(세조 3년, 1457)에 화를 입었다. 벼슬은 예조판서(禮曹判書)를 지냈다〉·정효전(鄭孝全,?~1453)〈영일사람(迎日人)이다. 태종의 4째딸 정숙옹주(貞淑翁主)와 혼인하여 일성위(日城尉)에 봉해졌다〉·정종(鄭悰, ?~1461)〈해주사람(海州人)이다. 문종의 첫째 딸 경혜공주(敬惠公主)과 혼인하여 영양위(寧陽尉)에 봉해졌다. 세조 7 신사년(1467)에 화를 입었다. 시호는 헌민(獻愍)이다〉·송현수(宋玹壽,?~1457)〈여산사람(礪山人)이다. 정축년(세조 2년, 1457)에 화를 입었다. 벼슬은 지돈녕(知敦寧)이며 영돈녕 여량부원군(領敦寧 礪良府院君)에 추증되었다. 시호는 정민(貞愍)이다〉·권완(權完,?~1457)〈정축년 세조 2년(1457) 화를 입었다. 벼슬은 동녕판관이다(敦寧判官)〉·황보인(皇甫仁,?~1453)〈영천(永川)조에 보인다〉·김종서(金宗瑞,1390~1453)〈자는 국경(國卿)이며, 호는 절재(節齋)이다. 순천사람(順天人)이다. 계유난(癸酉亂:단종 1년(1453)에 수양대군(首陽大君)이 단종의 보좌세력인 원로대신 황보인(皇甫仁)과 김종서(金宗瑞) 등 수 십 명을 살해하고 정권을 잡은 사건, 계유정난(癸酉靖亂)이라 부름/역자주) 때에 화를 입었다. 벼슬은 좌의정(左議政)을 지냈다. 시호는 충익(忠翼)이다〉·정분(鄭笨,?~1454)〈장흥(長興)조에 보인다〉·민신(閔伸,?~1453)〈여흥사람(驪興人)이다. 벼슬은 이조판서(吏曹判書)를 지냈다. 시호는 충정(忠貞)이다〉·조극관(趙克寬,?~1453)〈양주사람(楊州人)이다. 벼슬은 병조판서(兵曹判書)를 지냈다. 이상 2 현인은 계유란(癸酉亂) 때 화를 입었다〉·김문기(金文起, 1399~1456)〈김해사람(金海人)이다. 호는 백촌(白村)이다. 병자년(1456)에 화를 입었다. 벼슬은 이조판서(吏曹判書)를 지냈다. 시호는 충의(忠毅)이다〉·성승(成勝,?~1456)〈홍주(洪州)조에 보인다〉·박쟁(朴崝, ?~1456)〈병조판서(兵曹判書)에 추증되었다. 시호는 충강(忠剛)이다〉·박중림(朴仲林,?~1456))〈호는 한석당(閑碩堂)이다. 순천사람(順天人)이다. 좌찬성(左贊成)에 추증되었다. 시호는 문민(文愍)이다. 이상 2현인은 병자년(세조 2년, 1456)에 화를 당했다〉·성삼문·박팽년·이개·하위지·유성원·유응부〈모두 과천(果川)조에 보인다〉·하박(河珀)〈하위지의 아들이다. 병자년(1456)에 화를 입었다. 지평(持平)으로 추증하였다〉·허익(許翊)〈하양사람(河陽人)이다. 허조(許稠)의 아들이다. 계유년(단종 원년, 1453)에 화를 입었다. 좌참찬(左參贊)에 추증되었다. 시호는 정간(貞簡)이다〉·허조(許慥)〈허익의 아들이다. 병자년(세조 2년, 1456)에 화를 입었다. 벼슬은 집현전 부수찬(集賢殿副修撰)을 지냈다〉·박계우(朴季愚)〈밀양사람(密陽人)이다. 박연(朴堧)의 아들이다. 갑술년(단종 2년, 1454)에 화를 입었다. 이조참판(吏曹參判)에 추증되었다〉·이보흠(李甫欽, ?~1457)〈자는 경부(敬夫)이며, 호는 대전거사(大田居士)이다. 순흥부사(順興府使)로서 정축년(세조 3년, 1457)에 금성대군(錦城大君)과 함께 죽음을 당했다. 이조판서(吏曹判書)에 추증되었다. 시호는 충장(忠壯)이다〉·엄흥도(嚴興道)〈앞에 나온 별단(別壇)조에 설명이 있다〉·조수량(趙遂良,?~1453)〈조극관(趙克寬)의 종제이다. 평안도관찰사(平安道觀察使)를 지냈다〉 등 234명을 이곳에 모시고 있다.〈이곳에 모셔진 사람들은 종실(宗室)·조관(朝官)·유생(儒生)·동몽(童蒙)·환관(宦官)·이속(吏屬)·군사(軍士)·노비(奴婢)·맹인(盲人)·무녀(巫女) 등이다〉

○금화 충렬사(忠烈祠)〈효종 1, 경인년(1650)에 건립되었고 동왕 3 임진년(1652)에 사액서원이 되었다〉에는 홍명구(洪命耉,1596~1637)〈여주(驪州)조에 보인다〉를 모시고 있다.

『금강산(金剛山)』

금강산 안에 있는 봉우리[봉대(峰臺)]·고개[점(岾)]·골짜기[동(洞)]·못[담(潭)]·절[사암(寺庵)] 대하여

○ 비로봉(毘盧峰)은 금강산(金剛山)의 내산(內山)과 외산(外山)의 주봉으로 가장 뛰어난 모습으로 서 있다. 여름에도 여전히 춥고 서늘하다. 절벽을 따라 올라가니 사방이 푸른 것은 하늘이다. 동쪽 끝은 일본이고 북쪽 끝은 함관(咸關)이며, 서쪽 끝은 수많은 첩첩 산봉우리니 모두 눈으로 미칠 수 있는 바가 아니다.

○ 망고봉(望高峰)은 혹은 망군대(望軍垈)라고도 한다. 즉 금강산의 동쪽 봉우리로서 홀로 삐쭉 올라 직립해 서있다. 송라암(松蘿庵)으로부터 길 건너 낭떠러지로 가는데, 기슭이 마치 돌난간처럼 철색이 드리워져 사람이 그것을 잡고 올라갈 수 있다.

○ 태상봉(太上峰)은 웅장하며 빼어남이 극치를 이룬다. 금강산의 만봉 가운데 위 비로봉과 망고봉·태상봉이 가장 으뜸이 된다.

○ 만경봉(萬景峰)은 혹은 만경대(萬景臺)라고도 하니 곧 금강산의 서쪽 봉우리이다. 돌봉우리가 돌출해 수십 길로 서있다. 동북으로 뭇 봉우리가 열립해 있는 것이 마치 병풍 같으며 색깔은 서리와 눈 같다.

○ 향로봉(香爐峰)은 크고 작은 2개의 봉우리이다. 하나는 높고, 하나는 낮은 것이 돌출해

서있다.

○ 혈망봉(穴望峰)은 가파르고 깊고 기이하고 아름답다. 봉우리 꼭대기에 구멍이 있어 가히 하늘의 빛이 통할 수 있다.

○ 수미봉(須彌峰)은 뾰족한 것이 마치 칼[鋒] 같다. 희기가 옥(玉)같다. 앞에는 수미탑(須彌塔)이 있다. 탑 모양은 오뚝하며 백 길[仞]의 층층이 마치 책을 둘둘 말아놓은 것과 같다. 비스듬히 쌓여있는 탑 아래에는 폭포가 있다.

○ 금강대(金剛坮)는 표훈사(表訓寺) 북쪽 원통동(圓通洞)에 있다. 석벽이 천 길[仞]이라 사람이 잡고 갈 수가 없다.

○ 방광대(放光坮)는 정양사(正陽寺) 뒤 언덕에 있다.

○ 천일대(天一坮)는 정양사 앞 기슭에 있다. 옛날에는 배고개[拜岾]라고 하였다. 올라가서 돌면서 눈의 초점을 맞추면 1만 2천봉이 하나 하나가 다 드러나 보이는데 서로 다투어 빼어남을 다투고 있다.

○ 석대(石坮)의 큰 바위가 횡으로 골짜기 입구를 메우고 있는데 거의 10길[丈]이 된다. 대 아래는 바위가 펼쳐져 있는데 마치 돗자리를 펴놓은 것 같아 100여명이 앉을 수 있다. 대의 남쪽에는 폭포가 날고 있으며 폭포의 남쪽에는 백 척의 석대가 있는데 그 넓이는 가히 6~7칸이 된다.

○ 청학대(靑鶴坮)는 만폭동(萬瀑洞)에 있다. 기암 괴석이 하늘로 솟아 있는데 마치 축대 같아 볼 수는 있으나 오를 수는 없다.

○ 명경대(明鏡坮)의 돌로 된 벽이 백 척으로 서있는데 넓이는 겨우 반밖에 안되며 두께는 불과 4, 5줌[把]밖에 안 된다. 곁에는 금사굴(金沙窟)이 있고 앞에는 수 이랑의 네모난 못인 황유담(黃流潭)이 있다. 담 곁에는 옛 성문 터가 있는데 이는 곧 금강고성(金剛古城)이다. 담 건너에는 옥경대(玉鏡坮)가 있는데 반석에는 4, 50명이 앉을 수 있다.

○ 중향성(衆香城)은 만인봉(萬仞峰) 고개에 있다. 흰 돌이 쌓여있는 것이 마치 층계 같고, 상(床) 같은데 비스듬히 횡으로 나열되어 있어 옥 같기도 하고 은 같기도 하다. 위에는 하나의 돌이 서 있는데 자못 불상 같다. 좌우의 석상 위에는 또 양쪽으로 배열되어 있는데 소소한 석상이다. 그 앞에는 절벽이 만 길이다. 오직 서북쪽을 따라 약간 각이 약해지고 팔만봉(八萬峰)으로 가는 지름길이다. 시원한 물이 있는데 석담동(石潭洞)이다. 굽이굽이 기교하여 가히 글로 표현할 수 없다. 각 암자들이 작은 집 같이 서로 연결되어 있다.

○ 수렴동(水簾洞)에는 넓은 바위가 가로 쓰러져 있는데 길이가 50~60장(丈)이다. 돌의 색깔은 아주 하얗다. 물이 그 위에 넓게 깔려있다.

○ 백탑동(百塔洞)의 탑 높이는 백 척이며 그 형세가 매우 급하나 가지런히 정리가 되어있어 모난 것이 보이지 않는다. 흰 색이 빛나고 깨끗하다. 탑이 있는데 전체가 마치 책을 어지러이 쌓아놓은 것 같다.

○ 영원동(靈源洞)은 혹은 백천동(百川洞)이라고도 한다. 그 동쪽에는 내수점(內水岾)이 있고 가운데는 영원암(靈源庵)이 있다. 암의 동쪽에는 배석대(拜石坮)가 있으며 암의 서쪽에는 옥초대(沃焦坮)가 있다. 올라가 보면 첩첩하여 구름병풍이 가지런히 빙 둘러 있는 것 같다.

○ 만폭동(萬瀑洞)은 장안사(長安寺)를 따라 서북쪽으로 들어가면 큰 바위가 드러누워 있는데 가히 수십 백 명이 앉을 수 있다. 양사언(楊士彦, 1517~1584)이 쓴 「봉래풍악 원아동천(蓬萊楓嶽 元和洞天)」이라고 쓴 8자의 큰 글씨가 있고 조금 더 올라가면 「천하제일명산(天下第一名山)」이라고 쓴 6자의 큰 글씨가 있다. 백 길로 샘이 흘러 골짜기 속으로 흘러나간다. 골짜기 입구에는 관음담(觀音潭)이 있고 그 건너 뚝에는 수건애(手巾崖)가 있다.

○ 주연구담(珠淵龜潭)·대용담(大龍潭)·명연(鳴淵)·청용담(靑龍潭)·황용담(黃龍潭)·흑용담(黑龍潭)·진주담(眞珠潭)·벽하담(碧霞潭)·선담(船潭)·분설담(噴雪潭)·비파담(比巴潭) 등은 정양사(正陽寺) 지역에 있다. 멀리 내외의 여러 봉우리를 일일이 다 볼 수 있다. 뒤 언덕에는 방관대(放光坮)와 진헐대(眞歇坮)가 있다.

○ 마가연암(摩訶衍庵) 만폭동에 있다. 가장 깊은 곳이다. 신라 승 의상(義湘, 625~702)이 창건하였다. 주변이 그윽하고 조용하다. 바위 뒤에는 칠보대(七寶坮)가 있어 올라가 주변을 보면 여러 정양사(正陽寺)에서 보이는 것과 비교해 볼 때 배로 아름답다. 동쪽에는 내수점(內水岾)이 있고, 남쪽에는 금강성(金剛城)과 망고대(望高坮), 혈망봉(穴望峰)이 있다. 서쪽에는 진불점(眞佛岾)이 있고 북쪽에는 영랑점(永郎岾)이 있다.

○ 불지암(佛地庵)은 만폭동(萬瀑洞)에 있다 신라 승 원효(元曉, 617~686)가 창건하였다. 바위아래 계곡을 따라가면 암벽이 있는데 백 척이 되는 것으로 묘길상암(妙吉祥岩)이다. 암변에는 불상이 새겨져 있는데 앉아있는 불상이다. 왼쪽무릎은 떨어져 나갔지만 오른쪽 무릎은 6장(丈)이다. 전체가 조화를 이룬다. 형상이 웅장하고 위엄이 있어 바라보면 놀랄 만하다.

○ 송나암(松蘿庵)은 만폭동(萬瀑洞)에 있다. 바위아래에는 금강고성(金剛古城) 터가 있다. 바위동쪽에는 큰 골짜기가 백 길로 나있고 빠르게 흐르는 샘이 아래로 흐르고 있다. 봉우리

는 가파르고 암석은 우뚝 솟아 있으며 바위모습이 기괴하며 여러 가지 모양이다.

○ 자월암(紫月庵)이 구연동의 선담(九淵洞船潭) 위에 있다. 지세가 현절하여 아래를 쳐다보면 천봉 만학이 겹겹이 쌓여 높고 낮음이 마치 파도가 올라왔다 떨어지는 것 같다.

○ 보덕굴(普德庵)은 만폭동(萬瀑洞)에 있는데 굴의 양쪽에는 흑용담(黑龍潭)이 있다. 깎아지른 절벽 위에 3층 누각이 마치 나무 위에 새둥지처럼 걸려있다. 석등(石燈)을 붙잡고 굴로 올라가면 가운데 작은 암자가 있다. 누각이 마치 종을 매달은 것 같이 있는데, 이름하여 관음각(觀音閣)이다. 기둥이 바위 밖으로 나와있다. 한 척(隻)의 구리기둥[동주(銅柱)]이 있는데 마디가 있는 것이 마치 대나무 같다. 모두 19마디이며, 높이가 수십 척이다. 철로된 줄[철색(鐵索)]이 하나는 바위에 구리 기둥을 버텨주고 있으며 하나는 좌우 바위틈에 양끝을 묶어 지붕을 버티고 있다. 암자 남쪽에는 천 길이나 되는 구멍이 있어 사람들이 모두 현기증을 느낀다. 안에는 내원(內院)·지장암(地藏庵)·지불암(知佛庵)·금장암(金藏庵)·선주암(善住庵)·신림암(神琳庵)·천친암(天親庵)·수선암(修善庵)·묘덕암(妙德庵)·천덕암(天德庵)·원통암(圓通庵)·진불암(眞佛庵)·사자암(獅子庵)·묘봉암(妙峰庵)·삼장사(三藏寺)·천진사(天眞寺)·세정사(洗淨寺)·선정사(禪定寺)·원각사(圓覺寺)·무주사(無住寺)·두운사(逗雲寺)·영은사(靈隱寺)·보희사(報喜寺)·현불사(現佛寺)·내원통사(內圓通寺)·외원통사(外圓通寺)·천관사(天觀寺)·계수사(戒修寺)·선수사(善修寺)·능인사(能仁寺)·운숙사(雲宿寺)·상초막암(上草幕庵)·은적암(隱寂庵)·기기암(奇奇庵)·가섭암(迦葉庵)·만회암(萬會庵)·성불암(成佛庵)·상현성암(上見性庵)·하현성암(下見性庵)·진견성암(眞見性庵)·수월암(水月庵)·돈도암(頓道庵)·무학암(無學庵)·백운암(白雲庵)·원적암(圓寂庵)·극락암(極樂庵)·삼일암(三日庵)·양심암(養心庵)·반암(般庵)·묘봉암(妙峰庵)·지덕암(地德庵)·불사의암(不思議庵)·신림암(神琳庵)·미타암(彌陀庵) 등 장안사(長安寺) 근처의 여러 절과 암자들은 지금은 터만 남아 있거나 혹은 옛이름만 전해지고 있다.

○청학(靑鶴)·채운(彩雲)·도명(道明)·판관(判官)·동자(童子)·천관(天觀)·담무(曇无)·게(偈)·구정(九井)·칠성(七星)·성문(聲聞)·복중(腹中)·관음(觀音)·낙안(落雁)·미타(彌陀)는 모두 봉우리 이름이다.

○이외 금강산에는 대장엄동(大莊嚴洞)·세존동(世尊洞)·시왕동[십왕동(十王洞)]·성문동(聲聞洞)·온탑동(溫塔洞)·원통동(圓通洞)·진불동(眞佛洞)·만경동(萬景洞)·온정동(溫井洞)·선암동(船庵洞)·군옥동(群玉洞)·욕일대(浴日坮)·은선대(隱仙坮)·칠보대(七寶坮)·안심대(安

心대)·무학대(無學坮)·계수대(戒修坮)·취경대(聚景坮)·천축대(天竺坮)·개심대(開心坮)·적멸대(寂滅坮)·불정대(佛頂坮)·수미대(須彌坮)·정심대(淨心坮)·이허대(李許坮)·미륵대(彌勒坮)·학소대(鶴巢坮)·오송대(伍松坮)·풍혈대(風穴坮)·영고대(榮枯坮)·강선대(降仙坮)·보현점(普賢岾)·성불점(成佛岾)·유점(楡岾)·구곡점(九曲岾)·효양점(孝養岾)·상운점(上雲岾)·백룡담(白龍潭)·응벽담(凝碧潭)·백헌담(百軒潭)·청후담(靑後潭)·유리담(琉璃潭)·옥경담(玉鏡潭)·자운담(紫雲潭)·적용담(赤龍潭)·용곡담(龍谷潭)·청일담(靑壹潭)·사자봉(獅子峰)·시왕봉[십왕봉(十王峰)]·사자봉(使者峰)·죄인봉(罪人峰)·지장봉(地藏峰)·장경봉(長慶峰)·돈도봉(頓道峰)·원통봉(圓通峰)·승상봉(丞相峰)·장군봉(將軍峰)·석응봉(石鷹峰)·차일봉(遮日峰)·방광대(放光坮)·백운대(白雲坮)·마면봉(馬面峰)·우두봉(牛頭峰)·백마봉(白馬峰)·오인봉(五人峰)·석가봉(釋迦峰)·도봉(島峰)·군옥동(群玉洞)·장항봉(獐項峰)·만절동(萬折洞)·태상동(太上洞)·선암동(船岩洞)·청량뢰(淸涼瀨)·자하담(紫雲潭)·우화동(羽化洞)·적용담(赤龍潭)·강선대(降仙坮)·국망봉(國望峰)·일출봉(日出峰)·월출봉(月出峰)·가섭봉(迦葉峰)·웅호봉(熊虎峰)·천등봉(天燈峰)·미륵봉(彌勒峰)·달마봉(達摩峰)·국마봉(國馬峰)·영랑봉(永郎峰)·안문봉(鴈門峰)·오현봉(伍賢峰) 등이 있다.

원문

강원도
영인본

江原道 疏闊東

古山子 編

本穢貊濊浪百濟分而有之 為今仰川淮陽地西岳丈同王界南原
高城襄句麗襄新羅漸拓其地 告辰韓陵山王城南原
浪晉初至于沉河今浪川猿川德原○原州禮○江陵春川城
又改淮陽平康安峽鐵原金化為薔百濟興王十六年置濊州時春川
又改江陵道九年復改江陵朔方道十五年又改江
陵道禍十四年江陵道始折於朔方道而合於交州
景明王時回歸高麗成宗十四年以登知交春溟等
都督府巡莒於本道領郡縣孝恭王時為弓裔所取
郡縣為朔方道明宗八年改沿海溟州道而折支東

本朝
太祖四年改江原道十八年
肅宗九年改江襄道復為嶺
甫宗朝改江原道復為嶺
英宗四年改原襄道復為嶺
十五年正宗六年改原春道復為嶺
十三年 正宗大年改原春道復為嶺
復為嶺號 凡二十六

春等郡縣別稱春州道後改東州道元宗四年改溟
州道為江陵道改東州道為交州道忠肅王元年改
淮陽道襄恣王五年改江陵道為江陵朔方道六年
又改江陵道始折於朔方道而合於交州
陵道禍十四年江陵道始折於朔方道而合於交州
道捕交州江陵道珍至欽東西為一道而自薛後本朝
太祖四年改江原道十八年

邑嶺東四十七邑
復為嶺號 凡二十六

巡莒

太祖四年設莒於原州又補
使使原州 監莒水軍 圓官觀寥使御度使巡寥等
牧使原州 中軍僉使 郡事 審藥 檢律各
一員 蔦豊蒼寧保寧蕩水日善寥臨溪等

原州鎮管 寧越旌善平昌
鐵原鎮管 浪川楊口金化
平康金化中軍蔦豊蒼寧保寧蕩
春川鎮管 狼川楊口金化
江陵鎮通管 高城三陟平海杆城
遷水平安狼昌溪丹仁府善寥報臨溪

保安道
在襄卯內東烏原安原高陽開延平
路養珍日善寥報臨溪驛屬 生昌豊田龍潭林丹玉
連倉卯陣仙元岩清閣
貞豊德夾八十一驛吏年九千三十

鐵原道
在金化寥新昌驛屬 柯枝富林沃原
渭陽寥新寅驛屬 柯枝富林沃原
直新興連華德豊
四名三等馬四百八十七匹

平陵道
在三陟寥臨驛屬 興富守山德新達莘樂豊

銀溪道
在淮陽寥生驛屬 昌豊田龍潭林丹玉
春逐安山馬原昌蘭乾川舍
路訪在珍德夾八十一驛吏牛九千三十

祥雲道
在襄卯山寥珍訪驛屬 連倉卯陣仙元岩清閣
路養珍日貞豊德夾八十一驛吏牛九千三十

兵馬
左營 仁祖朝設于鐵原後移
英宗東辰按于春川
邑屬 春川伊川平康安峽金化

兵馬
左營 仁祖朝設于鐵原後移
英宗東辰按于春川
邑屬 金化平康安峽金化浪陽

右頁（右營・中營・水軍ほか）

中營

左營將討捕使 使憲川府

中營 英宗庚辰設于原州指于橫城監捕使 橫城洪川麟蹄平昌
中營將討捕使 橫城江陵襄陽平海杆城歙谷惠
邑屬

右營 仁祖乙亥設于三陟浦鎭于江陵 三陟通川蔚珍歙谷越松
右營將兼討捕使 金城三陟浦鎭越松
邑屬

水軍

三陟浦鎭 陵
越松浦鎭 海平
防營

仁祖十五年設于春川府 英宗二十二年移于鐵原
府邊 兵馬防禦使 使憲原府

防守

正宗元年關東嶺隘加設防守 防守使淮陽防守
將伊川平康通川高城歙谷惠口 若有警急事
將東伍馬 防守信地平時則屬鐵原防營

田民表

	旱田	水田	續田民	戶	人口
原州	二百二十八結	晋州五結	七千四百二十名		
春川	一千二百七十八	二百五十四	五千八百八十一		
鐵原	五百四十三	六十			
淮陽	百六十二	十六	九	四千五百	
伊川	五百五十一	十二	十八	三千四百	五千七百八十二

下段 田民表（各邑）

邑	旱田	水田	續田民	戶	人口
寧越	一百八十八	十二	二百三十五		
旌善	四十九	二	九十四		
平昌	六十二	二	一百		
金城	一百六十三	十			
平康	一百九十四	六	三		
金化	一百八十五		五		
狼川	一百六十八	十六	七		
洪川	二百七十九	十三	七		
楊口	一百二十六	七	十		
麟蹄	一百八	一	一		

邑					
橫城	一百九十二		一百七十九		
安峽	一百五十四	三	二百九十		
江陵	六百八十七	合五百七十	三千一百		
三陟	二百九十二	一百五十七	四千		
襄陽	一百六十五	晋百八十七	九十		
平海	四百十三	三百八十一	二十五		
杆城	一百三十二	晋四十二	六十二		
高城	一百三十二	一百十五			
通川	一百五十三	二百四十一			
壽珍	三百四十文	三百七十一	三百		

歙谷	七十三	五十六	四十四	六百七十	三千四百	四百六十

疆域表 自本邑經境為某邑界幾里

	東	東南	南	西南	西	西北	北	東北
原州	平昌 寧越 百三十里	堤川六十里	堤川三十里 忠州四十里	驪州八十里 江陽	砥平五十里	洪川八十里	橫城四十里	江陵百里
春川	麟蹄九十里	洪川六十	六十五	洪川 加平 九十	加平五十五	永平一百	狼川六十	楊口八十
鐵原	金化三十里	金化 永平 五十	永平四十	漣川四十五	朔寧三十	朔寧 平康 四十	平康三十	
淮陽	通川六十里	高城 麟蹄 百八十	楊口百八十	金城五十	平康 九十 五十		安邊四十	歙谷七十五
伊川	平康三十五里		安峽十五	兔山七十	新溪三十五		谷山七十	安邊二百
寧越	旌善 三陟 奉化 一百	順興 安東 七八十	永春二十五		堤川四十五	原州三四十	平昌四五十	三十
旌善	三陟五十	一百	寧越八十 平昌五十		平昌三十五		江陵四十五	七十
平昌	江陵二十 旌善四十五	旌善 寧越 一百	寧越四五十		原州二十		江陵十七	
金城	淮陽一百		狼川二十	金化二十	平康四十	淮陽五十	同	同
平康	淮陽 金城 二十五	金化四十	鐵原十五		朔寧 安峽 五六十	伊川六七十	百十	安邊百八十
金化	金城 狼川 二十五	狼川二十五	春川 永平 三十五	鐵原三十	十五	平康二十五	淮陽四十	三十五
狼川	楊口四十五	春川四十	二十三	三十	春川 金化 四十	金化 金城 六十	金城五十	淮陽 楊口 五十五
洪川	江陵一百		橫城三十四	砥平四十	楊根 加平 八十		春川二十二	麟蹄七十二
楊口	麟蹄三十四		春川四十		春川 狼川 二十	狼川 淮陽 八十	淮陽六十	淮陽 麟蹄 八十
麟蹄	襄陽七十		春川 麟基 五十	洪川五十	春川三十	楊口四十	淮陽 高城 百四十	杆城八十
橫城	江陵七十	原州四十	十五		四十		洪川四十	
安峽	朔寧十五		同		兔山三十五		伊川四十五	平康三十四

五

江陵	海十	海	三陟九十	旌善九十	平昌百五十 橫城百九十 洪川二百	春川 麟蹄 百八十	襄陽六十	海
三陟	海八	海	蔚珍一百	安東 奉化 百三四十	旌善九十		江陵三十五	海
襄陽	海十	海	江陵六十五	六十	麟蹄五十	五十五	杆城四十五	海
平海	海七	海	寧海二十		英陽五十		蔚珍四十	海
杆城	海七	海	襄陽三十五	麟蹄八十	四十五		高城六十五	海
高城	海八	海	杆城三十六	麟蹄九十	淮陽六十五	七十	通川三十五	海
通川	海九	海	高城八十五		淮陽四十		歙谷十五	海
蔚珍	海八	海	平海四十八	英陽一百	安東八十	三陟七十五	四十四	海
歙谷	海五	海	通川十八		淮陽 安邊 三十		安邊十	海

六

泉州〔原州〕

沿革

本新羅改平原郡 文武王十七年置北原小京 以大阿飡吳起守大舍仕防大含等守之 景德王十六年改北原京 ○高麗太祖二十三年改原州 顯宗九年置 營州都護府 文宗人元宗元年以林惟茂外鄉 改知州事 其後陞益興都護府 仍有功陞靖原都護府 忠烈王十七年改益興都護府 忠宣王二年降成安府 牧諸哈 太祖以忠烈王安胎于此 州陞安 知郡事無縣立毋山 府屬泉原縣 高宗四十六年降一新縣 恭愍王二年復為原州牧 忠宣王二年降成安府 世祖十二年朝置鎮管 肅宗九年降縣人戕夫十八

古邑

酒泉 東八十里 本新羅酒淵縣 景德王改酒泉為奈城郡領縣 高麗顯宗九年來屬 其後改酒泉 ○顯宗九年來屬

邑院〔院〕

牧使 罷置府尹判官 英宗三十六年復置察訪 英宗三十六年復置蒸導判官 察訪

年復陞 英宗四年降縣以逆賊 十三年復陞〔驪邑〕平凉 高麗成宗所定圓牧使 罷置府尹判官 使則置各一員

山水

雉岳 山 高麗威兀士 林逆覺元帥駐屯 文殊寺珠林寺其上有石磬日龍子山 西連而 獅子山 吳為白雲山 三南有 泉酒 岳名曰泉 東二十五里本朝太宗元年武太宗 桃花洞 于宗橫城東有 深十重洞出紐岳山 二東六十里堤川界右 貪岳山 西十里 球陵山 泉酒

終八 古毛谷 西北初 二十 正之安 北初 十五 地 向
十 西初二十 終六十 終八十 終大南 大
終八初二 池內 江川 西南 論 以
十終五 初 終七 南初 富
八終初六 居坡 初五十 堤村 東
十 楮田間 終東 初 弥 乃
右 遷 終一百大 技梯
十五 今勿 山 終東一
五一令 勿 南終 南初
左 邊 嶺岳 山本朝 四十
楮田間 新羅改 改葉同今 一百
終高麗 之謂高 五十
降勿 城 周大千 汝斤寺 東
珍州為 新興 三十六人 終三
新羅聖德王 二十平 徽何惡羅丁夫
二十平 徽何惡羅丁夫 達
二千葉 北原京城

城池 錦原山城 改在 嶺岳山 南本朝

腸封山 白揚山 獅子揚山 山

樓亭 清膺亭 姤 清虛樓 酒龜石亭 東二

壇廟 姬岳山壇 載小祀

興改 新羅真聖主五年 北原賊帥梁吉遣其佐方渠
領百餘騎襲北原酒泉城奮萬烏御珍等十餘郡縣
官降之○高麗高宗四年丹兵金就礪山入原州州人力
戰卻之丹兵退屯橫川仍偪原州四十四年蒙兵圍
原州城解圍去 四十平原州賊安悅等據古城
茂遣將軍尹君正尊討之君正與賊三百餘人戰于
興元倉大敗之遂入城斬其巨魁 忠烈王十七年

哈丹來屯雉岳城下百計攻之城幾陷時元冲甲以
鄕貢進士隸本州別抄與州人嬰之前後十戰斬獲
甚多自是賊挫銳不敢攻掠諸城原州山城防護別
監卜奎獻俘五十八人 恭愍王十平紅中賊三百
餘騎陷原州收使宋光彥死之 禑九年倭寇三百
十一平倭寇原州○本朝太祖元年秋七月高
麗恭讓王遜于原州 宣祖二十五平倭寇盛
陸自賊嶺分向關東蹂躪列邑將追原州本州收使
金悌甲驪州收使元豪領兵入鋼原山城城四面皆
絕壁前通一路賊緣崖潛進城遂陷悌甲不屈與其

倉庫 興原倉 西南七十里 舊在昌善岸横城田 北岸 江收
也平 昌在 高麗置十二漕倉以此為一漕倉 漕京師今廢 別
倉 十四 備營需 置 軍需倉 石其一 酒泉倉在古縣 別
浦前 龍塘口浦 高麗置 浦倉 興此邑 元在塘江西排蟾
浦口 高麗置蟾浦倉

驛院 一冊 卯 驛東七里 安昌驛 州西
北七里 新林驛 東十里 新興驛 古安昌 州東
安昌津 夏冬創橋 驛屬保安道
通平昌 益 又由原驛 汝川津 東

津渡 卯 驛東七里 安昌津 夏冬創橋
北五里 通平昌 益 又由原驛 汝川津 東

土産 玉石出邑 西麻紫草蜂蜜人參 茯苓 海松子 五
味子 石蕈 松蕈 羚羊 魦魚 錦鱗魚 餘項魚 磁器 ○ 黃

妻子同死

春川

沿革 本島根乃一云首
後為新羅所有善德王六年
置牛首州軍主一云文武王若州
文武王十三年置牛首停七年
舊州景德王十六年改朔州都督
二十三年改春州神文王五年
顯宗改置知郡事縣隸交州道
顯宗初揭神宗六年陞安陽都護府

崔志獻後復為知春州郡事 本朝太宗十三年
改春川郡十五年陞都護府 夾宗三十一年降縣
以遞賊得四十年復陞陝 壽春 鳳山 圓寜 都護
府使一員

邑號 蘭

祖言國家東有樂浪新羅始祖三十年樂浪人將
馥燎至遼境南解王元年樂浪兵圍金城景近十
五年樂浪兵衆虚來攻金城儒理王十四年冬高

句麗伐樂浪樂浪人五千與帶方人來投奔王
二十七年百濟衆入牛頭州

山水鳳儀 山

大龍山
大華山
清平山

東九里白雲山
揄岾山
三岳山
磨作山
陵峽
大同嶺

峴

○勿愛嶺路幾落還石路往北二十五里臨江顴陵甫通邊石路北二十里

定陵○新淵江津江下流毋津江西北二十里顴陽

江北閔入新史呑川西北七里大同川東南里自白雲山出德之葛水山川東南流入母津江為鷺洲西七

坊里 府南南府終初十一里府內東終初十里南內西初終二十里南內西初終二十五里南山外終初二十五里南山中

外立西終初九十三于西下終立十二

津渡 毋津江西北二十里昭陽江津毋津里五十舞

津梁 昭陽江津里

驛十東北之里仁嵐驛之里北四十安保驛西四十里右驛屬保安道

王產 麻綿漆海拓子五味子紫草人蔘茯苓拓蓽石蕈羚羊蜂蜜辛甘菜山芥訥魚餘項魚錦鱗魚○黃陽封山産

樓亭 昭陽亭一作二樂樓飛仙亭之上昭陽亭

典故 高麗高宗四年丹兵金山陜安陽都護府一四十平文學曹孝立在春州蒙古兵圍城教重屢日攻之泉井皆渴士卒困甚孝立知城不守與妻赴火死

城池 鳳儀山古城在城北週二千三百四十三尺新羅文武王十三年築

倉庫 明陽江倉南社倉在社倉西三十社倉東初四外倉在史內面

驛站 保安驛在東原州卯驛栗昌驛南三十里豐昌

四十六年趙暉興之堂引束真兵寧蒙和州叛民屯放春州泉谷村有神義軍王人詐稱蒙古車羅大使者馳入其屯召別抄四面攻之無一得脫者偏九年體察使鄭承可與倭戰于楊口敗績退屯春州賊追至春州陷之遂侵加平縣元帥朴忠幹與戰遂之斬六級賊入擄淸平山邊爲仁烈等往擊

沿革 本百濟毛乙冬非後改新羅景德王十六年改鐵城郡領縣二果四成孝恭王八年弓裔營宮闕設內外官職國號摩震授靑州人戶一千翌年自稱

鐵原

岳投都于此十五年改號泰封景明王二年高麗太
祖即位于泰封之布政殿方裔走死于斧壤翌年高
麗徙都松岳改鐵圓為東州成宗十四年置團練使
穆宗八年罷之顯宗九年改知州事郡縣屬高宗四
十一年降為縣令後陞為
牧忠宣王二年改系府　本朝
改都護府京畿　還隷十大年自
　　正宗朝授淮陽鎮于此

邑號　昌原高所城陸昌○圓都護府使一員

山水　高岩山北四十里鐵原界
白岳山西北三十五里安峽界
水精山南十里

古南山　五里鐵京

龍華山支東或云邏或云澗或云籃或在山之東或在山之西
龍華山支東　雲院山東北三十里　○雲水山西
南二十里　楓川西本朝慶與載松坪東興載松坪

碣馬峴　渴馬峴十四里高挺子
佛見
寶蓋山南二十里石寺有窟寺
山敦喜峰下新羅元聖王八年獵師李順石佛見
關御通于此而白石猪亂或或湮開或之東皆高岩或在山之東
壁下三層瀑流

楓嶽北三十里　砌川潤東皆石壁如子
興慶興載松坪兩岸皆石壁高挺子
一川野開中多怪石人取而黑石如磨東川
川至野界入大離川南出雲使黃入源

城池　城山泰封時都城石城周一千九百二十二尺
外城周二千四百九十一尺內城周四百九十二尺

坊里　東遠面終北十里西遠面終松內面終

烽燧　所伊山

倉庫　東倉東南三十里　西倉西南二十五里
北倉北二十里

驛站　豊田驛古名田百里　龍潭驛二驛屬尚慶道〔右〕

土産　漆人蔘鹿茸五味子茯苓蜂蜜松蕈白花蛇訥
魚　錦鱗魚磁器

津渡　楓川津南四里通永

樓亭　北寬亭　鎮東樓　駕鶴樓俱在邑內

典故　新羅真聖主九年弓裔破夫若化鐵圓等十餘
郡縣孝恭王三年弓裔欲移都到鐵圓斧壤康周
覽山水　八年弓裔發百官依新羅制洞江道十餘

州縣降於弓裔○高麗高宗四年丹兵陷東州三
十六年東真兵入東州境遣別抄兵禦之四十年
崇矢陷東州山城四十四年東真寇東州界忠
烈王六年王敗于鐵原至孤石亭禑三年以高城
瀕海倭寇不測欲遷都內地遣權仲和相宅于鐵原
命築宮城因崔瑩之諫事遂寢○本朝太宗朝
世宗十三年俱李鐵原譜武

淮陽

沿革 本加芳牙連發城改各新羅景德王十六年改連城
郡縣屬朔州都督府稱伊勿城成宗十四
年改交州團練使顯宗九年改防禦使顯宗
十六年東真入東州境遣別抄兵禦之四十年

郡名 護府使一員

本朝太宗十三年改都護府正宗朝還置于鐵

官員 都護府使一員

年改交州團練使顯宗九年改防禦使顯宗
九年改屬通州顯宗四年來屬高麗忠烈王
三十四年陞淮州牧嶺口屬春州歸屬忠宣王
二年降淮陽府正宗朝還置于鐵

姓氏 長楊里東南十里本嶺

文登 王改文登大碩郡領縣高麗顯宗

山水
義館山 郡北金剛山
普賢嶺
斷髮嶺 此山北
鐵嶺
天寶山 西南十二里
寒溪里坪
马龍山 東五里
獐尾山 東十里
匡廬山 文登方
思忖山
嶺 東业
楸池嶺 東十五里
摩尼嶺 東南八里
鐵嶺 伊嶺右大南一百里

津岸東峯高嶺以大川戴小祀本朝目之

典故 新羅文武王十三年契丹靺鞨矢攻大楊城敗
童子城未滅之 十五年靺鞨又圍末木城滅之
縣令防禦兵馬使吳壽褀與丹兵拒之力竭俱死○高麗高宗四
交州防禦兵馬使吳壽褀記云自開元庚寅至開家遠萬
十六年哈丹踰鐵嶺嶺防守萬戶鄭子琪適嶺道磴
賊通一人哈丹三千騎過鐵嶺屯守交州遺羅裕等萬戶
賊後至者三千騎過鐵嶺鐢丹賊自開元庚寅報云諸部鄒入開家遠萬
敗之李裝記云自開元庚寅至開家遠萬
年東真兵寇金剛城遺別抄三千人救之 忠烈王
十七年哈丹踰鐵嶺嶺防守萬戶鄭子琪適嶺道磴

沿革 本百濟伊珍買縣新羅景德王十六年改伊川
為兔山郡領縣高麗顯宗九年屬東州後置監務讓養
本朝太宗十三年改監務轄本光海
主六申陞都護府子奉朝祖駐伊川以世 仁祖元年
降縣 肅宗十三年復陞

屬縣 花山 都護府使一員

山水 檜踊山北十豆尼山業三里榛木山業五里緑水山

伊川

坊里 東邑面 尾方業終東初十七終一三
蛇鳥 命業
嶋 合在之德津宮搏行摘津會
山 溫泉 草位西邑面三業初五終西邑面三業初一終
廳浦東業初十七終
古未呑川
平山外川西十
康山外川西十
扛橋業終七業初十二
邊下業五業初五
右終十五山内業終五初一下邑南

城池 古城 周業九里福鎮時古城山防
墻 北一百十里文
扳臨業大川業周音洞安蛇陵之衝業石障時靺鞨入寇
防守處可 東城 八百二十七尺周

鎮山 朴達嶺東業八防墻之八
境谷謂之雲崎里南 廣崎業北一里扞邊
月雲崎里南 廣崎業北一里扞邊
東真嶺遺羅安遺界知
伊川里東北二葛麻山東北一百
十陽陰山里東北二鷹岩山東北五里廣福
里東北七紫芝山百北二里廣福
北二里白鶴山百里業雲連山八
連摩山業里東至谷山七里開蓮山業北七所
二十里至谷山七里開蓮山業北七所

〔右頁〕

倉庫 前倉東二里北倉北七里江倉西十

驛站 乾川驛觀廣道屬

津渡 古城津古城山下〇又有松津二處

土産 麻漆海松子五味子人蔘茯苓松覃石覃蜂蜜白花蛇鈴年青石紫草訥奧餉奧頃奧錦鱗奧鄉蜜〇

黃腸封山東北六

典故 高麗高宗四十五年廣福山城避亂吏民後防護別鹽柳邦才降放蒙古忠烈王十六年遣左軍萬戶朴之亮屯伊川縣界備哈丹諸將屯伊川分城以備蒙丹賊

二五

〔左頁〕 寧越

沿革 本新羅奈生郡景德王十六年改奈城郡州隸郡領縣高麗太祖二十三年改寧越顯宗九年自春州來屬本高宗四十六年本屬原州郡高宗改四十六年自忠清道來隸其後還隸其道本朝元年屬原州郡恭愍王二十一年隸知郡事者以鄉道連麻官

本朝 世祖朝改郡守肅宗二十五年陞都護府置都護府使一員兼討使

山水 鈴山北十五石船山五里太華山南二里有蓬萊山里東三十里 等山西二十里莞澤山東一里山十五里正陽山東三里月隱山西北二倉稽山東南里栗峴山業東分德山東北二

邑治二十

〔右下頁・右側列〕 寧越
二十三仙山十里東二里太白山里南安一東百大龍山西三里島
鵲山五里西四十玉筍峯里東三里陰谷岩北十紫烟岩
障東里中里中十里錦津古障江西二里高德峴北四里刀峴五里栗
峙十東里北二分德峴里石花折峴西十四五
川縣加北善二花折峴南一里或北二社加云西北水合興城旌善二花折峴過南一為加德山南流下廣津西
冷浦至錦津至永春清冷浦至順德山南經過德山前流入金鳳淵西
里雄南至力為峴過南二陰谷里南出順安
西南江流入於羅寺澗山北北浦浦皮二合臨冷合窖里四六里窖清廟
西南江流入於羅寺澗寧越邑里北浦西北皮二合里四六里窖清廟

〔左下頁〕 積善里南一

坊里 府內面立里東十下東初二十上東終北二十六十初二十
郡東初十北二十終北面初五西面初五終
酉面初五終右屬保安道
城池正陽山古城周二千四百七十七尺莞澤山古城周七百七十七尺
正陽驛溫山驛

倉庫 東倉里東南四十西倉里東南三社倉五里
驛站 延平驛站五十里揚洞驛右屬保安道
津渡 西江津西八里後津錦江津南一

土産 鐵石鐘乳紫檀白檀黃楊五味子紫草松覃石

邑高二十

葦海松子、人蔘、茯苓蜂蜜羚羊白花蛇訥魚餘項魚
錦鱗魚○黃腸封山北二十里
樓亭 錦江亭在江岸絶壁上 子規樓
陵寢 莊陵北五里冬乙旨本魯山君墓中宗十七年遣承旨致祭置守護人肅宗二十
四年追封莊陵端宗恭懿大王陵忌辰十月二十四日○別檢參奉各一員
典故 高麗禑八年倭寇寧越揚水尺俗稱白丁羣聚詐
爲倭賊侵寧越焚公廨民戶遣林成味等追捕之獲
男女五十餘人馬二百餘匹　九年倭寇寧越

旌善

沿革 本新羅仍買縣景德王十六年改旌善爲溟州

旌善 二十五

大朴山有神湫

領縣 高麗顯宗九年仍屬後陞郡知郡事 本朝 世
祖朝改郡守 邑號 桃源朱陳之鳳沉鳳 官員 郡守一員
山水 飛鳳山北一里西有飛龍洞○觀音寺在絶壁上義相所住 大陰山一云朝陽
山南二里 熊田山南五十九里 觀音山北十里 淨岩山南八十里寧越界
掛懸山東北二十九里 太白山 蒼玉峯東南一百里 大朴山東南八十
里 鬱屯山東五十里右三山三陵界 加里山西北四十里 典玉山北四十里
右二山江陵界 瑞雲山南十五里 沒雲山東南五十里 高峯山南十里通安
東極儉 北坪北十五里 餘粮洞東北四十里竹峴川饑村兩風兩岸類敲瀧無水田民皆
饑給 風穴在大陰山岩石間其下置氷則經夏不消又有水穴南江水至此分入地中至毛麻於村
出焉 石穴南三十六里向山村石壁上距平地二百餘步路甚險陀昔村民入此避倭各邑文籍亦

藏於此以免兵火 嶺路 鍮峴北五十里 碧波嶺西北三十五里右江陵界 星摩嶺
西三十五里 麻田嶺西三十五里右平昌界以上皆峻險 花折峙南八十里寧越界
門杜峙南二十五里 半熟峙東三十五里 所也峙南十里 花遷在細
川邊通江陵絶險 觀音遷在觀音寺緣江石路如犬牙藥石間路僅通人馬 夜連同
北四十里通江陵大路 ○細川北二十里源出五臺山于筒水南流 廣灘北十三里細川
下流 朝陽江一云桐江南七里廣灘下流 碧灘西十五里桐江下流 龍岩淵西十
六里碧灘下流 下甬江西三十里龍岩淵下流 淨岩川東南二十里源出大朴山之神
湫及花折峙北流武嶝武流上流有舍音臺 白雨潭東南十五里淨岩川下流 盤川東南
五里白雨潭下流 竹峴川東五十里源出蒼玉峯北流至免山過白福嶺及大朴山之水至餘
撥驛過素東同川西流至畓石村入細川 素來同川東北六十里出江陵羽溪古城西流入竹

二十六

峴川
坊里 郡內面終十五里 北面初十五終四十 西面初十五三十五 終 南面
初二十終四十 東面初十終一百 別於各部曲午四十五皆五杏所午二十北
也項所東南六十坪所北十五
城池 古城東五里周七百八十二尺
倉庫 東倉東南三十里 南倉西南三十里
驛站 好善驛東一里 餘粮驛東北四十二里 碧灘驛西十五里右屬保安
津渡 餘粮津在驛西 廣灘津北十五里一云北津 桐江津南二里
土産 鐵 青石 石鍾乳 漆 金 海松子 五味子 紫檀 黃楊
弓幹桑 紫草 松蕈 石蕈 人蔘 茯苓 蜂蜜 羚羊 白花蛇

訥魚餘項奧錦麟奧麻〇黃陽封山十東三里〇高麗顯

宗十三年濱州上言銀礦出旋善縣

樓亭 鳳樓樓內侍風亭風穴楓老亭東之詠歸亭西

典故 高麗禑九年倭賊一千三百餘人寇春陽寧越

旋善〇本朝 中宗元年嬴山主世子頤于旋善

平昌

沿革 本新羅欝鳥縣一云于邬鳥景德五十六年改白

鳥為奈城郡領縣高麗太祖二十三年改平昌顯宗

九年屬原州高宗四十六年自忠淸道來隷後還其道後禑

十四年復來隷禑十三年置縣令禑十三年陵知郡

復來隷忠烈王三二十五年置縣令禑十三年陵知郡

平昌

山水 魯山 业一水揖山西二居慈岾山西原州二十里西

手蒲山业里三淸山南四里

一員

孝恭王后記祖李氏之鄉復陞為郡號魯山圓郡守

事信之鄉遷還為縣令 本朝 太祖元年以

坊里 郡內面終七北面初二終南面初七終味吞東

城池 魯山古城十周四一千一百六大

倉庫 東倉十東里南七

驛站 平安驛十東里三

津渡 龍淵津東里九次龍麻

池津 西四十南渡之次淵村津渡江

土產 玉石銅鐵紫硯石麻漆海柘子之味子紫檀安

息香紫草柘辇石辇人蔘茯苓蜂蜜羚羊白花蛇訥

奧餘項奧錦麟奧〇黃陽封山一慶

典故 高麗禑九年倭闕入縣境 交州江陵道未尺

俗云才人廣云大等訛為倭寇掠平昌原州榮州順

興橫川等廢元帥金立堅體粲使崔公哲捕斬五十

餘人

金城

沿革 本也次忽一云母城新羅景德王十六年改金

城郡。縣翔州高麗太祖二十三年改金城顯宗九年

屬交州膚宗元年置監務後陞縣令高宗四十一年

復為監務四十四年桶號道寧 本朝復為金城縣

令擺邑金壤圓縣令一員

區古岐城業改城郡 景徳王十六
年改岐城為通溝郡 又新羅冬斯忽
來屬郡領縣二高句麗顯宗九年
屬淮陽其縣景徳王改本新羅
以東至通溝縣水入支川本
來屬郡領縣分于淮陽備後改通溝縣為

山水慶坡山里此二赤山白布山
山此城四里城業改良水山五里永川本
里歧南五里良水山云白亦布山
南二十里飛龍山此東七里雲峯山
五里南二鬼谷山此通溝南水事西
南山里南五十北二里白水此東九十里
南山里五馬也之山十里法水峴淮陽界二
所嶺南五十里注

所嶺銀川界

新髮嶺道此四十里
又餘波嶺金化界

驛站直木驛十里西南二昌道驛北三十嶽嶺東瑞雲驛三南
屬銀道此三驛右屬官門站昌道站即淮
庫梨嶺驛

津渡通溝津東二云多慶津南江津在合麥阪津陽之之
之龍洞下沆

土産銅鐵鉛金綠礬硫黃出昌㵐人蔘茯苓海
松子五味子白花蛇松葺石葺納熏蜜蜂蜜
麻〇黃腸封山業里十

樓亭慶陽樓內此披襟亭南大

典故新羅炤智王六年高句麗侵北邊新羅與百濟
合擊於母山城下大破之〇高麗禑八年倭寇通溝

沿革本百濟於斯內縣後改斧壤新羅景徳王十六
年改廣平為富平郡領縣高麗太祖二十三年改平
康顯宗九年屬東州明宗二年置監務後為金化監
務所萬恭讓王元年還折之置監務 本朝太宗
十三年改縣監邑平江圓縣監一員

山水重峯山北二云雲蜃山北一云長鼓山北南
竹林山九里三戲靈山八里新城
山北十栗枝山西南二里新城
里淮陽界二山獐堂山北三朱氷山此云束應山之里四十
山右二青龍山九里白氷山此東北六里本朝

西通直縣五十阿峴南五里灰峴業東四
平康里二十此又里十〇合串江
會東合寖江之上又稱南江
南至會蒼壁峻險源出新洞
海至會峴右過波溪南江
及水嶺西東直木之水至縣南通溝川
兩山度頭經入合串江縣之
水清灣反入南之南岸即岐城陽連
山灣頭及南麥阪浦東十里通溝之東十

坊里南面終初四一里西面終初十二里
此十終五南五終此五〇歧城
初十此初一里東面終初十二十五通溝
南十南五面二里此東業
終九小水伊所傳

城池古城此南八里桶寺一同此七尺五寸
於任山城周七尺

倉庫東倉江避通溝倉在縣古歧城倉在古歧城倉縣古

【上段 右面】

鶴水于山里東南二十金化界紫霞山北一高岩山藏魚界
戲登山北七十廣福山北一里箕山北大陽陰山
山里西十嵩雲山伊川界揄村山東南虎岩
山里西十嵩雲山伊川界揄村山東南虎岩

栽拓坪臥龍坪指界軍踰嶺西大安霞水峙
安遠山防墻分枝嶺西以安霞水峙之小山
遠策嶺北防墻分枝嶺指安霞水以國師惡

峴山西四十安遠山防墻分枝嶺軍踰嶺天嶺遠在安霞嶺臨津以上霞水峙南天嶺遠在安霞臨津廣通安
嶺山西安霞嶺北九峙嶺遏水杭嶺之小
木流向有還來距邑二十五里夫閑開至泒川十五里安
遷策北來土足郡還十五里距邑二十三里夫莫閑開
里東遷通里西安遠道一高里還五峽定山有俍津川十里
里東遷通里西安道一高邑次三山川十里

【下段 右面】

城池青龍山古城周十一千四百古城
一尺井二榆津古城周大十一古城堂一
一尺井榆津古城周三十一尺一里有城隍
三尺始城一西二十三里周一千三防二
一里一里西二十二里尺三防安分
一里一里西二十五里尺夫莫閑皆
榆津東西新城北此者三處皆為險阻以
榆津東北新城自此備山峻城池皆為險阻

【城池 欄下段】
城池青龍山古城...有城隍
榆津古城...助迷倉北東

倉庫邑倉
一里一里西四倉五里社倉十五里助迷倉北東

驛站林丹驛東六里玉洞驛驛屬飆漣道右二

津渡長林津榆津冬即橋

烽燧吐水山南十松峴里東九箭川里東二

土産麻漆紙花紙鐵海松子五味子人蔘茯苓松蕈
石蕈蜂蜜鹿茸羚羊白花蛇訥魚餘項莫○黃腸封

典故百濟溫祚王四十二年沃沮遺自求興至于安民
仇頗解等二十餘家至斧壤王納之安置磨山
之西○新羅景明王二年泰封諸將立王建為
王弓裔聞變驚走死于斧壤遂立王建為王然
引大堰俗稱王堽○高麗顯宗九年佐尚平康為
王堽○新羅景明...平康遣諸將往擊之

○本朝
太宗朝謹武于平康

金化

沿革 本百濟夫若郡大云一云新羅景德王十六年改富
平郡兼漢州都督府高麗太祖二十三年改金化顯
宗九年屬東州仁宗二十一年置監務本朝太
宗十三年改縣監 團 花山 圓 縣監一員

山水 五申山北二十里 嵐山
里北三十七里界之山西南四十七里高深山西
里北三十大成山里東南二里長峯山東三水于
山星南三里中康川里東四十里界佛頂山東水于

峯佛頂峯里西五丹岩在狼川金城之境山高千
路佛頂峯里西谷間佛頂山飛島金城界其色黝盤
史通春川中峴里一云忠峴東三十四馬峴之東
吞畫川阿音峴里西

典故 高麗禑九年倭寇金化及淮陽平康京城戒嚴
微平壞西海道精兵入衛遣南陽平康京城往擊之
戰于金化敗績〇本朝宣祖二十五年九月江原
監司柳永吉擊北路倭賊敗使元豪引兵入金化粹
遇大矢即牧兵上山終日珠死戰歿獲甚衆矢盡賊
遍元豪遂接千仞絕壁而死仁祖十四年十二月
平安監司洪命壽與兵使柳琳領兵從問路至伊川
過敵矢敗之轉至金化敵夾大至追擊斬數百級
屯柏田敵救高錦奄至決命畜力戰死之中軍朴毅
生順安縣監許轄等皆死之柳琳力戰歿傷甚多敵

沿革 本也尸買新羅改狔川郡景德王十六年改狼
川郡兼朔方府高麗顯宗九年屬春州睿宗元年置監
務兼任楊口本朝太祖朝還折之太宗十三
年改縣監 圓 縣監一員 仁祖二十二年來屬金化
孝宗四年
復置 圓 縣監一員
乃退琳全軍趙狼川向南漢
狼川

山水 牲山里西三十里 狼首山西二里 山東三馬矢山南
星山里北三里 山東十里尾衛山北二里
山北十里龍神山里北五大成山里西四十五
山里十里羅松山土東里尾衛山北二里
古邑蘭山見春川

城池 古城千此四百餘尺 丹嶺嶺里北八尺九
川界狼頂峙自烟嶺所東自烟嶺頂尺文至縣城之北
自畫峴山西過畫峴下同
芳洞川東自烟嶺所及畫峴南沅入南川里沅出

驛站 生昌古名沄平在縣南四里 丹峴驛在母川傍新
化驛二十五里 驛南道桃昌驛挂住于此級官門站
廢倉丹溪驛

土產 鐵漆海松子五味子人蔘茯苓蜂蜜岩石茸
錦鱗魚鰱項奠鱗牛白花蛇綠礬滑石芍藥

文殊川里沅出

〔上段・右半葉〕

水軍山北五里台龍山東業四法
山東業五里北坪里之東十自作同
興山東業五里北坪里之東

梨峴東業春川界馬峴
觀佛峴在縣西馬峴一末峴
龍頭川蛇頭浦
○

坊里 縣內面終十 東面終初四十五南面二十終北面四初

〔上段・左半葉〕

城池 龍華山古城周九百三十尺井六十泉上

驛站 龍華山古城 省川驛古名山梁原川驛南十五里 芳春二驛屬昭陵道

津渡 南江津 大利津二東十里

土産 漆海松子五味子人蔘茯苓紫草蜂蜜拓草石葺餘項奧錦鱗奧訥奧鄉奧羚年梨麻綿○黃腸封山一在東北四十里

奧故 新羅真聖王九年弓裔取牡丹川○高麗禑九年都體察使崔公哲至狼川倭寇出掩擊擒公哲子

〔下段・右半葉〕

沿革 本代力川縣新羅置代力川停德王十六年改緣驍爲朔州都督府領縣高麗太祖二十三年改洪川頭宗九年仍屬春州仁宗二十一年置監務 本朝太宗十三年改縣監

山水 花山圓嶺一員 大彌山東孔崔山水墮山 五音山南橫城界 一里八峰山 飛龍山 金鶴山西水龍寺 神堂峴

〔下段・左半葉〕

里 長松峴東三里馬峴東四里連伊嶺東業羽嶺之南麻站南十里三馬峴橫城界白羊峙南西國師堂峴大所院峙春化二島峴松峙 柏嶺川 彌勒峴鳴岩川楓川 洪川江 冠川 君子谷川 陽德院川

坊里 縣內面終五 花村終東業初五末村十東北終初八十四奈

村東初十五十瑞石終東初一百大十詠歸美終東南初十鈞倚
山終南初十七甘勿岳終西初八十北方終五十寺伊岩
莊十東百
陽封山二慶

城池 大彌山城周九千二尺一百
倉庫 東倉五東七十南倉十南二里西倉五大十北倉十東業三
驛地 連峯驛南立泉甘泉東業大道
津渡 華陽江津橋衙須川日縣川江津十西業七里
土產 鐵漆五味子常草人蔘茯苓蜂蜜羚羊納魚餘
項奧錦鱗奧白花蛇松蕈石蕈海松子梨麻綿○黄

楼亭 鶴鳴樓内泛波亭王東南二
典故 高麗禑九年倭陷陝川元帥金立堅李乙珍與
戰斬五級

横城

沿革 本新羅於斯買縣新羅景德王十六年改潢川
為朔州郡領縣高麗太祖二十三年改橫川顯
宗九年仍屬春州後屬原州恭讓王元年置監務
本朝 太宗十三年改縣監十四年改橫城樓以洪川
故也相近邑

山水 馬山業二南山業南大五音山業五十界德高山
花田苑縣監一員

一云泰岐山業北三里鴻頭山東業三七峯山
十業里江陵界得金山十業三
怒嶺四 禿峴 仇道味峴江陵界檜峴東業五於路
峴十西里甬等万峴陵川界上業十四里
階若峴里南三馬峴同加五峴十里源出
陽谷峴出渭川源出

坊里 縣内面業七青龍終業
十陽川終東二十甲川終北二十拓陰十業終初
二十五於屯内五東初二十甲川終北二十拓陰十業終晴

日村處業初二十五水南終西初四十五水南業東初
陽村處業東二十五猪村所終東二里
城池 德高山古城周二千大百業
倉庫 東倉里東大十偷谷終北業倉十東業三
驛地 葛豊驛東業蒼峯驛十里烏原驛十業里安興驛
為六十里驛屬北川保安道
津渡 橫川津橋川冬

廳宇 橫川驛 合春驛
柘等村處業東南

土產 鐵漆紫檀五味子安息香紫草人蔘茯苓蜂蜜羚羊白花蛇納奧餘項奧○黄陽封山一麾
石蕈蜂蜜羚羊白花蛇納奧餘項奧○本朝 太宗朝辛横
典故 高麗禑九年倭寇橫川○本朝 太宗朝辛横

20

城讖武 仁祖五年縣人李仁居自稱倡義衆徒數
百突入本縣縛興監李撝男懲發軍器屯縣後高阜
爲犯京之計京城戒嚴發近地兵守要害命三南兵
使領兵燒上待麥原州收使洩賣麥兵捕之

楊口

沿革 本貊燕急次新羅爲楊口景德王十六年改楊
麓郡二領縣猪足道基馳四 高麗太祖二十三年改
楊灘縣顯宗九年屬春州睿宗元年改楊口以狼川
監務来兼 本朝太祖二年析置監務 太宗十
三年改縣監置縣監一員

　楊口
　三九

邑古
方 山业三十里本貊波芳新羅爲三嶺舊爲
二十里淮陽改方 山顯宗九年屬春州本朝
後屬淮陽 世宗九年屬春州

山水 飛鳳山业里
頭陀山业里四 支安山东业里四明山业里
頭陀山业里东西
臺岩山业南東
鳩峴业四里東
彌毛峴业南東
車峴业南东
兜率嶺在兜率山
鶴峴业里
鶴峴业西
南江春川昭陽江諱
兜率川业里南

典故 高麗禑九年倭侵楊口

麟蹄

沿革 本烏斯廻新羅改猪足景德王十六年改稀蹄
爲楊麓郡領縣高麗太祖二十三年改麟蹄顯宗九
年屬春州後屬淮陽恭讓王元年置監務 本朝
太宗十三年改縣監

邑古 瑞和业里以
二十三里淮陽

山水 伏龍山业里
寒溪山西東南大支

勢雄大而奇峻皆石依洞
若溪三十大其南峯作山絶洞雨
清數觸岩其石高千伊怪如岸
無出其形峙巉壁技如墨墨狀橫
流名為大勝注墨寂墨尺蓮而下慶
里南加里山下東德寺頂鳳自虹濕
城東七十五里折溪五色巖界陽珍富嶺東峴地九里仙遊嶺屹伊嶺
西十五里○瑞和川
麟蹄縣界山水考基據

里嵐抜驛屬寒溪道

城東十里折溪五里珍富嶺東峴地
界城建伊嶺西南四十南江邊
界高城界九杜還揚四十南江上界
陽珍富嶺東峴地九里仙遊嶺屹伊嶺
鷹峯嶺十里俱業道○楸田嶺
所波嶺朴達嶺十里俱業東襄
頭毛峴揚四十里次羅峙
炭嶺業四十里○連水坡嶺
楸嶺業二里陽江

○瑞和川
里嵐抜驛屬寒溪道

坊里 縣內面終四里初○瑞和一北四十終一百四十
○伊布所業春川屬六世古

城池 寒溪山古城陳東七里周六千二尺有大泉

倉庫 北倉業八里瑞和倉業六十里

驛站 馬奴驛站西三十里名馬惱高林驛今方稱臨通里業東二十瑞和

安峽

里嵐抜驛屬寒溪道

里嵐抜驛業東四十里右二

津渡 馬奴津西十五里○毎淵津東十五里西底津一云西云里

土產 海松子五味子紫草人蔘茯苓蜂蜜羚羊白花蛇訥奧錦鱗魚餘項奧鄉奧漆麻○黃腸封山二

樓亭 合江亭業二云合流處

宦蹟 新羅夏聖主九年方庸取逗足○高麗高宗四十六年平邱和州諸城叛民趙暉等自椬官人引蒙古來改寒谿城防護別監安陜敏夜別抄出擊盡
職之

安峽

沿革 本百濟阿珍押縣一云新羅景德王十六年改安峽為兔山郡領縣高麗顯宗九年屬東州廳宗元年置監務隷京畿左道 本朝太宗十四年合于朔寧號安朔十六年復析為縣監來隷本道

山水 鳳嶺山業二里有泉陽出○絶頂山西高岩山東十里南山業三里○撻摩山業四十三角山東白雲山十五拓臺山東三里東十里東十里○伊峴岩南加木峴
嶺隘 岩歇嶺十西○豬轄峴里西○炭峙
南楡連嶺八業峯西十五支花瑜嶺東十里○景堂淵淵西淵十○岩

古山子編

江陵

沿革 本濊貊之地云河後爲新羅所取置
何瑟羅州軍主善德王八年爲北小京置仕臣大舍武烈
王五年罷京復爲州以地連靺鞨而無景德王十六年改溟州
傳貢瀨與溟州傳同而無景德王十六年改溟州
都督府都督一人領軍九郡二十五ᄉ縣一○元聖
王十二年封金周元爲溟州郡王旋割溟州翼嶺三
邑爲食憲德王十四年國除○歷代紹一國高麗太祖

十九年改東原京摭桃原高北備景二十三年改
溟州成宗二年改河西府五年改溟州都護府十一
年改爲牧十四年改團練使顯宗三年降爲溟州郡
防禦使元宗元年陞慶興都護
府以功臣金連谷連谷鄕
年陞大都護府 本朝 世祖朝置鎭 孝宗朝陞
縣後復陞 正宗六年降爲縣十五年復陞

溟源 區大都護府使一員

郡連谷 北三十里本陽谷景德王十六年改支山
縣本高麗太祖二十三年改連谷
顯宗九年屬 羽溪 南六十里本羽谷一云玉堂景德王十六
年改羽溪爲三陟郡領縣高麗顯
宗九年屬

宗九年棟堤土縣景德王十六年臨溪驛地本新羅東
東臨屬高麗史地志云溟州本濊國漢武
時仍屬高麗○按高麗史地志云溟州本濊國漢武
帝臨屯郡奧地勝覽亦因其說又云北扶餘後
爲臨屯葉爲爲東扶餘以本辰韓諸國而東
徙加葉原爲臨屯扶餘區此皆無定之辭耳本辰韓諸國
漢津已行於新羅矣後人護以濊貊臨屯扶餘區
漢時已行於新羅矣後人護以濊貊臨屯扶餘區

匝峯合宴不謬我嶺安此安列王之降忽自炊其有

太宗寔元平○月太橋翔臨幸權

五臺山列山北西小山內向峯頂有五疊岩
長嶺北日泉王中白龍湫又各有一智盖山東廣西
還海之巖重疊深阻綿亘高巨萬壑中有月精寺在月
下海元寺在月精寺東千餘步庵寺皆在中董權

近作記世祖十一年巡幸駐蹕普賢山之西三十月正
筆閣口之御林蓁陵取土所隱栢伊山
山東大花浮山八十里○青鶴山西三十里青鶴山業西
八十里○青鶴山西三十里青鶴山業西
若巨覽紆天黛氛沸綿上下兩崖嶄絕碎岩水沉墨可
寺洞所紆音威俗或曰層級繞音若辟珠爲九龍首彎爲
拊展屢屢處貫峯重疊置其間嘉雲一簇繞泉洞可
次火山十里○頭陀山十四里○五靈山西南龍湫之東
里○文山十九里○注文山十一里西○淡定山八南
里十里○泰山十里○同山里二西龍湫之南
山汝火山十里○頭陀山西九里○和住間住王山二東住性中
西一里一和里○嶺北十五里○和石窟方
山東大花浮山三方里泰山十里○燕方
里人和○山驛洞泉石絕奇一里峻上
居有大一和○驛洞蓮坪廣一里峻上

大關嶺下幾四十五里
下幾四十里西里

高嶺阻後人以此嶺爲濊書所載草草員泣嶺西四
大嶺西旁江度爲濊貊臨屯者曰誤草草員泣嶺西四
之大嶺西旁捌雲嶺臨屯屯書捷路毛老嶺
嶺本濊嶺南一云濊泥嶺西百里西堯嶺
嶺本濊嶺南五十里○柿雲嶺西百里堯嶺
西四十一里○仇未嶺八西里百柿雲嶺土黑
十四一里○仇未時橫成景西里
十五一里○大嶺西二里羅鞍嶺里
西一百里二內仇未時橫成景南
柿嶺木漢嶺南五十里珠嶺
柏嶺西大嶺南文三嶺西在海東
閣嶺火飛嶺里羅火燒東在海東
路南又○火飛嶺和所二臺之里
海又○博洞雲嶺東○長漢山東
庵寺有衝洞雲嶺慶東○水晶
駐岩島陳東○博洞雲嶺慶東○水晶
臺島北仰浦洞雲嶺東○鑑浦下有盤
鑑浦湖陳東○水晶嶺里西鏡湖如
里西鏡浦湖珠島有四面月水如
里西太竹島里南菴珠○臺之一鏡
一勝源太駐島臺北里南菴西里湖門
爲湯○駕于臺北里南菴里芳不
漢出水色苧味關東太駐島臺芳西
爲湯漾出水色苧味一勝源金
溪出水色苧味關東太竹島剛
川群芳爭爲岳間圓冈又○海剛
川群芳爭爲岳間圓岡○海洞
鏡浦湖陳東○水
鑑浦湖珠島水下一
橋亭幸迤邐亭外有金剛洞水下
橋有平昌
平昌里西一里西四
川群里芳爭爲岳間圓冈○海里皆月盤石窿穿
里西里面皆月盤石窿穿而
窿穿而爲簡泉臺南

坊里

南一里面

堅造島南一里面
堅造島一里面南
山東之地入海於臺南川南二里
山東之地入海於臺南竹島在鏡浦之東
冬雪深数丈○合江南二竹島在鏡浦之東
南奧流入于里合江南二里○竹島在鏡浦之東
南奥流入海於臺南川南一里十北二里
臨溪水橫溪東出西盤石勝宜蒼蓮谷浦入于海
冬雪深数丈善作春○天潦漲洞源出青鶴洞
冬雪深数丈善作春流則金剛洞居人植稻連谷浦
洞瀑流湍急至消八月中文源出青鶴洞
洞瀑流湍急逐流群峯拱揖橫溪南德嶺出大關
臨溪水橫溪東出横溪蓬及臺南德嶺出大關
南臺之地入海於臺南川南二里
南臺之地流入海於臺南竹島在鏡浦之東

臨溪終西一南○邱耕能南八十○下洞終北四十五○嘉藍終南四十
終南四十終西一南○邱耕能南八十○下洞終北四十五○嘉藍
臨溪終西一南一百七十○城山終南二十○新里終北大南四十
臨溪終西一南一百七十城山終南二十新里大南四十
西○可資谷同羽溪南九
西○可資谷同羽溪南

道岩終北七○次火終北二十三○内面十西北二○大和十西終南一百四十珍
道岩終北七次火終北二十三内面十西北二大和十西終南一百四十珍
二十終北七○次火終北二十三○内面十四西北二○百大和十西終南一百四十珍
道岩終北七○次火終北二十三○内面十四

富於百初二十　史各郡曲十午二　船名所大東

城池
邑城仁宗七年改築周二千四百十四尺又有四門周十四尺二十年修濱州城三年修濱州城

篤式料連谷浦佳文津培庠三處爾候右
青鶴山古城在山之東白尺周高麗德宗

倉庫
東倉西倉臨溪富羽溪倉連谷倉大和

內面倉十一百三

府東古城　鐵 房守

鎮堡
歷安仁浦鎮成宗二十一年築城戌海令忩化城忩汝火忩候右
寧平戌海令忩十里戌東化城忩汝火忩候右北二里

宮室 瑞源閣　實錄閣　史庫與在五藿山上元甲庵
歷朝實蹟藏于此　有參奉二員

廟殿 襄慶殿參奉二員于本府安瀾遺海松亭之南東松亭之東立里海岸有藏石竈石白慶年五十立里百餘人

樓亭 倚雪樓鏡浦臺有學鏡浦臺海松亭之南東松亭之東立里海岸有藏石竈石

興故 新羅奈勿王四十二年北邊何瑟羅州旱煌年荒民飢訥祇王三十四年高句麗邊將襲何瑟羅城主三直出妥掩殺之麗王怒侵西邊王卑辭謝之乃歸文武王五年以一善居列二州民輸軍資於河西州立

驛站
臨溪驛四十里高端驛橫溪驛十大和珍富驛西一大和驛古云大化西里雲枝驛杆六本溪驛南古云木野卸山驛十西二冬德驛站

土産
弓幹桑箭竹海拓子五味子紫檀黃楊人蔘茯苓紫草拓蜂蜜拓實石鍾乳何首烏白花炬海獺鹽藿細毛海衣黃蛤文魚銀口奧鮈奧康奧赤魚古刀奧大口奧黃魚鯔奧紅蛤文魚銀口奧鮈奧餘項魚回細蛤蟶蛉鏡尊麻○黃腸封山臺一

年弓裔自北系入何瑟羅衆至六百餘人自稱將軍
景明王六年濱州將軍順式降於高麗○高麗顯宗二十年女真賊血十艘寇濱州矢禹判官金亭擊却之明宗二十四年東京賊金汝涌自投行營請降斬之將軍史良柱擊南賊敗死左道矢馬使崔仁宰鉞卒數千擊賊至江陵城諜伏以待追斬百十五級神宗二年監起濱州愗亂高宗四年丹兵自提州敗後東走諭濱州大關山嶺中軍左軍前軍追至濱州毛老院政之丹兵圓濱州翌四日四軍追屯于剛州川忠愍王二十一年倭寇江陵愗及鹽二德

縣諸軍望風奔潰李沃力戰却之　二十三年倭寇江陵　禑七年倭寇江陵道遣南佐時擴玄龍往擊之時是道大飢備禦甚疎遣李崇寧交州道兵以助之　八年倭寇羽溪江陵道上元帥趙仁璧副將權玄龍與倭戰斬三十級　九年倭寇江陵府及屬縣江陵道都體察使崔公哲遇倭于芳林驛斬八級奪其兵仗及馬五十九匹　恭讓王己巳十一月自驪興遷禑于江陵十二月遣政堂文學徐鈞衡誅禑于江陵○本朝　太宗朝倭寇江原道遣辛有定率禁兵往擊之因為江陵府使

六

三陟

沿革 本辰韓之悉直國(一云悉直谷國) 新羅婆娑王二十三年來降 智證王六年置悉直州軍主(以金異斯夫為軍主) 後置悉直停 武烈王五年罷停為北鎮 文武王元年改摠管 元聖王元年稱都督 景德王十六年改三陟郡(隸溟州都督府○領縣四竹嶺滿鄉海利羽溪) 高麗太祖二十二年改陟州 成宗十四年置團練使 顯宗九年降三陟縣令(隸東界) 恭愍王時置安集中郎將 禑三年改知郡事兼萬戶 本朝　太祖朝以　穆祖外鄉陞府使兼僉節制使 太宗十三年改都護府　世宗三年置兵馬使仍兼府使(明年減兵馬使)

邑號 真珠

官員 都護府使一員

古邑 竹嶺(西五十里本奈生於後改竹峴縣新羅景德王十六年改竹嶺為三陟郡領縣高麗仍屬) 滿鄉(南二十五里交柯驛傍景德王十六年改滿鄉為三陟郡領縣高麗仍屬) 海利(南一百里沃原驛傍本波利縣景德王十六年改海利為三陟郡領縣高麗仍屬)

山水 葛夜山(北二里) 太白山(西南一百二十里安東奉化兩邑界) 頭陀山(西四十五里山腰有石井五十多峻峯巨壑○中臺寺三和寺) 陽野山(南二十里海岸石壁森列) 廣津山(東六里) 青玉山(西三十五里) 麻邑山 陳凡山(俱西南一百里) 末欣山(西南一百二十里) 近山(南十五里) 大朴山(西九十里) 蒼玉峯(西一百里) 兎山(西七十里) 鬱屯山(西九十里右四山旌善界) 靈隱山(南三十里) 三水山(南六十里) 中無山(西南七十里) 僧井山(西南六十里) 興雲山(西二十五里) 君川山(西南三十里) 所達山(西五十里) 牛頭山(南九十里) 白屏山(南一百里蔚珍界) 葛田山(西七十里) 可谷山(南一百里) 臨院山(南八十里) 草谷山(南五十里) 龍山洞(北三十里) 凌波臺(東十里海岸有石數條立水中其高可五六丈其崖上可坐數十人) 召公臺(在風峴上相國黃喜發節之所)

三陟

七

嶺路 楡嶺(一云斗甫山西一百里通安東奉化) 白福嶺(俗呼希福嶺西五十里通旌善高險) 巾衣嶺(西七十里寧越路) 葛嶺(南一百里珍路平夷蔚) 孤石嶺(西一百十里路極細險通安東春陽之西宗川禮佛嶺之北) 唐吉峴(北四十里通江陵) 尾峴(南八十里蔚珍路) 大峙(南十里) ○海(東八里) 五十川(源出楡嶺東北流迳田折者凡四十七至竹西樓下滙而為闊經府南東流為三陟浦入于海) 竹峴川(西六十里群旌善) 何谷川(西五十里源出頭陀山合于竹峴川) 楸灘川(南四十五里源出三水山東流入海) 麻歸川(吹源上流川) 蘆

【右頁・上】

洞川一云交柯川源出麻邑山東源入流于海邑北二里 交柯川自三里津入海 古自三津入海處之東支出南流其祖墓碣名遂活蓬萊島在陵浦之東浦

太津館一云自三津入海處名湯庫南大津入海 東辨其池上有靈泉之名 云活蓬萊島在陵浦之東浦

武陵邑北二里山頭源東源 海自三津入海廣處南流黃池百西十南一里 池西二三十里 萬笏峰海在三陵浦之東浦

興德山島 海南阿驛東三十里

坊里　府内面終十里
見朴谷初二十 終二十
味老里西初十 終四十北上終四十
遠德南初五十 終南初五十 終南一百二十
上長省西初九十 終九十末谷十餘
下長省西初九十 終二十末谷十餘

八

【左頁・上】

〔欄外小註〕邑内二三五　恒德三十五　道上三十五　長音辛

城池
邑城 周二千五百四十二尺 西紀壁周四百二十七尺 石築 海判古縣城 在縣北 本朝改築 葛夜山古城 在縣西 周六千六百八十八尺 本朝改築 三陵城 周七千八百尺 泉藥一 高麗定宗二年築 三陵城 天四○水軍萬户一員

鎭堡
三陵浦鎭 東距七十里 臨遠戍 廣音里萬户有所限 桐津戍 臨遠戍 廣音里萬户有所限

驛站
龍化驛 古在縣四里 新興驛 西南三十里 平陵驛 西南四十里 交柯嶺古縣城在西南 阿驛二南

倉庫
城倉 古在城西四里 美倉 在西七十里

土産
鰒 幹柹 箭竹 漆 紫檀 黃楊 各 恩魚 五味子 人

【右頁・下】

蔘 茯苓 松草 蜂蜜 海衣 藿 鰒 紅蛤 文 奧 鯢魚 奧拉 魚秀魚 大口 奧 黃魚 古刀 奧 蟶口 奧 廣 奧 赤 奧 海蔘 鹽 ○ 黃陽封山庵

瑞亭 竹西樓 在縣西 壁有五十川 臨前其壁峻絕鎭東樓 在府

壇壝 非禮山 以北 新羅祀典云 在悲直郡 今未詳

典故 新羅婆娑王二十五年 悉直復叛 討平之 徙其餘衆於南鄙 奈勿王三十四十年 靺鞨侵北邊 出師大

九

【左頁・下】

敗之 於悉直之原 慈悲王十一年 高句麗與靺鞨 襲此邊患患直城 以高句麗兵一萬攻取悉直城 ○高麗德宗二年 海賊寇三陵 擄獲四十餘人 靖宗二年 東蕃賊寇三陵桐津戍 擄掠人民守將殺 文宗六年 東女真 高之 伏斬四十餘級 閟等航海來攻三陵 臨遠戍將河周 呂等斬十餘級 賊奔潰 神宗二年 演州盜陷三陵 恭愍王二 十三年倭寇三陵 禑七年倭寇三陵 焚掠 八年 倭寇三陵 ○本朝太祖三年高麗恭讓君卒于府 壬申七月恭讓君 遷于三陟府 至是辛追缢軒城 恭讓王 卯又徙于三陟府 選于原州 追缢薨軒城 恭讓王

襄陽

沿革 本伊文峴後改翼峴新羅景德王十六年改翼
嶺為守城郡領縣高麗顯宗九年置縣令屬縣同山。
高宗八年陞襄州防禦使以戴州降元宗
四十四年降德寧監務亦降元宗元年陞知襄州事
本朝太祖六年以　上之外鄉陞為府　太宗十
三年改都護府十六年改襄陽　正宗七年降縣十
六年復陞　號襄山邑　都護府使一員

古邑
屬來　同山　同山南三十里本六山縣景德王十六年改
宜山爲縣領縣高麗顯宗九年
圓山　同山爲頃州郡音府領縣高麗顯宗九年

十

襄陽

雪岳嶺　只東峴嶺

嶺　在西大十里通京大路雪巖飾嶺界　南有九龍嶺在西南大十五兩寒峙南二
里　十五所良峙西三〇海東十里南北冬飾嶺東流
南流入海合邑青草湖也四里在臺里石峯嵋列上船
可雙湖南十里麻湖仙臺在湖之舩亭
有四凹莊有石如檻磨雞歷莫中中圓石可坐觀
凹中有小圓石凹莫八府內終二俉山在西
坊里府南面南江里南終八府內終二俉山在西
十道門終西面初終三十二西面初終三十二

城池邑城　縣南右南二十
十　南面初終二十五縣北五南初
道門西面初終十二降仙驛之北初終二十
二雪岳山古城　全在山頂周土牆

十一

城池邑城 王城周二千五百四十
里城周一千四百二十
尺城周一千九百四十
尺城周二千五百一十二

倉庫　束倉

頭堡廢堡 大浦鎮安南二十五里古城在長有虹霓石門高麗摠
十五里洛中土牆有虹霓石門高麗摠
十里色路度于元慶伯於北倉
驛路为元慶降仙於驛業三
南三色路度于元慶伯於北倉
青草湖和高麗置萬戶其萬戶

驛站 祥雲驛南二十五里
里古色路度于元慶降仙驛
驛南三色路度于元慶降仙驛

津渡 南江津里二
折里色路度于元慶降仙驛

廢驛 五色驛十五里

土產 麻鐵箭竹海松子五味子人蔘茯苓紫草蜂蜜
白花蛇海衣薑鰒紅蛤文魚大口奧拕奧鯱奧銀口

右上

奥蔓奥勅奥古刀奥廣奥齷奥秀奥雙足奥海蔘拓
葦石蔘塩〇黄膓封山二處　高麗文宗十七年三司
奏襄嶺縣産黄金請附貢籍

提亭 太平樓在邑内〇醉仙樓

壇遺 東海神壇在縣北十三里 本朝因之

典故 高麗顯宗二十年東女真四百餘人寇間山
高宗四十年蒙兵陷襄州　恭愍王二十三年倭寇間山
襄州我軍與戰斬百餘級　禑九年倭寇安邊歙谷
洞山斬二十餘級獲馬七十二匹

左上

倭寇 襄州

平海

沿革 本斤乙於改斤乙岘新羅景德王十六年改
平海〇顯宗九年屬禮州　明宗二年置監務忠烈王
時陞知郡事　本朝世祖

十二年改郡守 **廢縣** 郡子一員

山水 金谷山一金藏山白岩山
寺夐里山南十里 青鶴山西二十里
多平川山西十里　辛未峯

嶺 三秦嶺英陽界二十里鳥

右下

岾西四十里珠嶺仇里峴大峴
英陽路放岘栗峴溫泉
川岩石橋白岩山黄嶺
海于仙淵台峯城越松浦鎮

城池 邑城
坊里 上里下里遠北近北
守禦 仇珍浦

左下

一云明月浦正明浦
倉庫 西倉
驛站 達孝驛屬平陵道
土産 箭竹蜂蜜海蔘紫草人蔘茯苓
獺白花蛇鰒紅蛤細蛤紫蟹海衣
大口奥鰱奥拓葦石草黄魚麻奥〇

樓亭 望鶴樓掛月樓越松亭
黄膓封山處

萬株松八人下暗行無如在亭北
望天各島道有渡石突起上可坐七
代倚雲八人

典故　高麗顯宗十九年東女真攻平海不克而還追
捕賊舡四艘盡獲之文宗十八年東女真百餘人
航海寇平海南浦燒民家據男女九人禑七年八
年倭寇平海十一年倭寇平海江陵道都體察使
睦子安擊却之斬五級

杆城

沿革　本加羅忽後改迂城新羅景德王十六年改守
城郡領縣二州置郡翼嶺縣高麗太祖二十三年改杆城
顯宗九年置縣令屬東界熈宗後陞知郡事兼任高城
恭讓王元年還折之本朝　世祖十二年改郡守

邑烈山縣高麗太祖改童山云所勿達城郡改屬以縣十大
古烈山縣本麻香羅童一云爲守城郡領
照宗九年德王一云所

山水　南山在南五里　天吼山在南七里
金剛山支詳見杆縣南麻香羅山西三里有
放邱山西五里乾鳳寺南鳳凰山立南四十里東　鶴
復開此路有聖人葺在石嚴之平廣可坐百銘人臨滄溟
山此烈永郎湖東郡所坡嶺十八里南大珍富嶺十四里西仙遊嶺西
青草寺之南蘭之東郡所坡嶺十四里南永郡所闕承聞

宣祖三十七年府鼎之助防
年復陸瞰邑水城圖郡守一員
　　　仁祖七年降縣隷主州以

島竹島
左島嶠嶺業一云冬矢項○
海平北川業一里源出海邊
　　　並備景左島嶠嶺業一里
明波川業鶴山業一里東底入海麻香南川業一里源出海
川高城川業東底入海巨春川業仁角川業南之東底入海乾鳳寺
　　　　出士連水波坡嶺南之東底永郎湖一
汝心間有大湖德湖周十二里鏡湖周十五里辞永郞湖一
尊人一東在南澤南有亭花澤南二里黃浦二里松池浦在海花澤鳴
　　　舊址花澤跨此有鶯浦浦之在色如漆在東宫
湖川奇南紫陵峻東峰最大菁蓂島上有鶯草島
　　　仙遊澤中有潭周十五里襄陵墓石
然而城最多杆城　舍抬古址梧上梧上菁蓂島其上有鶯草島
高城城圍抬杆城縣

場市郡內面面里業十五日
城里城初十二初二十五初五
城南　麻香羅山古城
城十一年立周八百尺
縣西北六十里海上初十終三大空業西初十招峴業北初
縣業十四里洛峴業西初一五終二
烈山古縣城三周四尺百南
麻香羅山古城杆城古城
高麗德宗二年城杆城縣

倉庫　烈山倉順山今烈山潘庚島
軍波戍今烈山縣北
寧波戍今烈山業桶谷業
東無路島甫浦猪島烈山業三十
里有筒竹竹島南業初
十五竹島南終二十五

驛站　淸澗驛業三十
里　竹芑驛業八里雪根驛業三十
淸澗倉庸業
高麗德宗二年城杆城縣

明波驛士名業潰木業元岩驛十四里南大十三里
間連水波坡嶺路二

樓襄陽府五色蝴于此
右五驛屬祥雲道

工產
蛇海衣薑鰒大口魚文魚紅合鰱魚拗魚石草蜂蜜白花
魚鏡魚黃魚廣魚古刀魚白魚海蔘何首烏塩蕈○
黃腸封山處一

壇壝 雪岳
郡以名山載俀小花城

樓亭 詠月樓
農雪亭在邑清澗亭在驛傍海岸奇
上之上怪石陽立岸奇
競其上石之畔々有
不波復路々鳴聲如
得路入連之波濤走里
滿地皆海濤傍壁有
陸勝傍隨心生賴玉
新羅花典俀侯驛南峯
郡以名山載俀小花城

典故 高麗德宗二年海賊寇扞城白石浦撽獲五十
人靖宗八年烈山縣寧波戍正簡弘與賊鬥天
盡力窮而死 文宗四年東舊海賊寇烈山縣寧波
戍掠男女十八人○本朝
太祖元年自原州投巷

讓王扞城郡又持封三陵府後

高城

沿革 本邊怒新羅真興王二十九年置達怒州軍主
樞遠怒得景德王十六年改高城郡○轄溟州郡督府
領縣三豢領縣二 本朝
朝陞為郡 縣 豐岩圓圓郡守兼江陵制度
使鎭管兵馬同一圓

古邑 豢殺景德二十七里本猪迂
麗顯宗九年本朝豢古城豢一云烏斯押勒
燒東北面夾馬使屬之二靖宗八年屬海鳥縣有山伊大鼎勒延
陽東村在萬二千古使有山伊大東使伊高麗太祖

安昌 一豢二郡二十三里本改豢昌九年來屬
南二十里三十七里西面

山水 金城山
南面 東面十 浦口山
南十九十五里東九里高
終水間 龍翠岩下可坐岩
十終六 如畫白

坊面 東面十 東九里高城浦
南九十終一北三十初五 如陽許上有岩
終七十五 二有石排峯百
水間南初安昌西面
十終三北十初二終七初三

狗嶺 在縣西三十五里 北榆岾路 九岾

溫井嶺 南八里 大道

梨峴嶺 西十四里

摠雲嶺 西二十里

攖嶺

檣嶺 西南十九里 又踰南嶺

海 東通大川九川界 南自縣南至郡界

（右 八嶺）

...南江 源出內水岾 流入海...

...溫井嶺之南又南流爲黑淵 東爲九龍淵 ...

嶼島

拒島

靈津亭

城池 邑城 ...

被縣城 高養浦鎭

昌縣城 ...

頸堡廳 高城浦鎭

倉庫 邑倉 外倉

驛站 高岑驛 南二里 養珍驛 古大康驛

津渡 南江津 南三里

橋梁 百川橋 在南江 上流

土産 松蕈 石蕈 蜂蜜 鰒 海衣 牛毛 細毛 鰒 海蔘 紅蛤

樓亭 望仙樓 在邑海山亭 ... 清江亭 ...

壇壝 社稷壇 ...

典故 高麗顯宗十九年 ... 又侵龍津頭 屠虜 ... 二年 ... 被東女賊攻劫 殺傷男女百餘人 文宗...

高宗三十大年別抄矢與東真戰于高城扞城皆破
之四十五年東真以母師朱圍高城縣之松島焚
燒戰舡忠烈王三十六年真女高麗頭宗縣令
備哈丹藏九年倭自洞山歐逞泊高城浦盡東毋夜
登岸虜掠

沿革本休壤金一云斳羅景德王十六年改金壤郡巤領
臨道退上鶴浦滚州高麗頭宗縣令屬臨道忠
發沆懃滚州高麗顯宗縣令屬碧山雲岩忠
烈王三十一年陸通州防禦使本朝太宗十三年
改通川郡 英宗三十八年降縣 景以人成夫四十七年

通川

復陸隴[金蘭圓]郡守金剛[萬江陵管矢馬同]一員

古邑臨道[南三十里云本助乙浦即金壤新羅景德王十六年改高
宗伯碧山上南一本為高麗顯宗十六年改運南
屬臨碧山頭雲岩太祖二十三年改屬高城
宗屬碧山岩本平改為高麗顯宗頭雲岩南
岩祖四頭宗九年來屬運南]

坊面[郡内十三五]龍潤[业初五]守念[東初之]
碧山[西初四十]十[終於南二十二]終於南十二臨道[初南
三十二]三十五終臨道初南

山水登朱山[业东十二金蘭山业南]雙鶴山[业西十三]
邊山[南十里]馬山[南十二金蘭窟東東臨南
大海峯之懸崖西有]

城池邑城[東南百七十尺井戊]高麗顯宗八年城金壤縣七百六十
[北山城业九百十尺周一百八十一尺今无]
[中宗朝改築周一千五百十尺碧山縣城周二十五]
[尺碧山縣城業二十里周長二尺之一金蘭]
[黃峴城业七里长二尺之八周門]

荒島[松島汶島近陸海皆]
[水匝僅泊一澳每歲三四月魚羣聚卵育猪]

倉庫邑倉[高南二十五里金雲]
[外倉碧山縣東倉雲南業二十五里越塵南藤路驛]

驛站巨豐驛[业古名是豐雲朝珍驛五古名越塵南藤路驛]
[南三十里]

土産五味子石蜂蜜蜡蜜紅蛤海蔘魚物十三

金壤城

蔚珍

沿革 本于珍也云古方伊
一云古亏伊一新羅景德王十六年改
蔚珍郡領縣辭溟州高麗顯宗降縣令
本朝因之

古邑 仙槎圓縣令一員節制都尉一員
海曲羅景德王十六年改海曲為蔚珍郡領縣
本波旦一云波豊新羅景德王改新

防面 下縣內七里終上縣內西初十七近南終二十
南初十五近北終二十三
北初二十二終四十五近西初
西終八初十

樓亭叢石亭

叢石亭 北十九里橫峯突然周如入海
石同方各九尺橫石瑞立大面平正如削
大立無數有石為叢如束立又有石為
峯如抽立如絕壁之懸

興故 高麗文宗三年東蕃海賊寇金壤縣據二十人
又寇臨道縣據十七人 雲巖縣隊正惟古等起巡
到泉井戎有萧賦四十餘人突入屯中擒古等挺身
舊擊賊潰走 高宗四十四年蒙兵自登州解圍趣

山水

安逸王山十四里業
十四海南四業半
山西南四鰲山十里梅
十里業北十四方山
白屏山

直峙
嶺

（이하 세부 지명 및 거리 주기）

綠豆為大挖使民如掃民男女猶不盡其地麟兩言土地饒沃宜人居其島二年遣行刷還官刷還者百餘人刷戶民還于京即屢遣三陟僉使每間歲入送其地樵採人及戶民盡刷還其竹圖形申紫檀香魚皮大竹蘆黃土等土產而還

石間流將米奧明等以英宗十一年都廳李奧以趙依居民甫遣蔚陵島竹圖形甫遣居民朴還其島宗元性逆禮坰其地饒沃人民居土其島皆空其地饒沃

城蔚珍 麗末連年倭寇人民流散閭里荒墟萊蕪

城池邑城周六百四十尺安逸王山城周十三百尺古城七也 高麗撝宗十年

朝覲因及寰使自其還遲留以逃徙民居以多遲後觀事畢風便自蔚陵島還獻朝廷東獻芎蘆等風飄流漂人民朝覲每每萬太宗兩宗

寰使膏俘錄多石塔至海議詰明宗遣使追之性逆怕遺以監城倉州道歷往來萬霞陵或一頃萬霞陵土民有

三遣蔚陵島人求物奇事仁宗令蔚陵島太祖以山圉牧東北女真之吉土寇農羅本太祖十三年蔚陵島使李宗元奉獻方

降之屆三年蔚珍之顯宗九平以德元年蔚陵島敎草東有村遺以監城遣李陽真廣獻土寇合十實

茲洞聖甚多有祖鼎大不知避人高有桃李桑拓萊卉草木不服遣何蹈羅軍生金異斯夫譬

鎮堡蔚珍浦鎮平海一云古縣浦東南十里成周七百五十尺高有水軍

驛站興富驛古云興府北三十里守山驛古云壽山南十里中宗七年德新驛南三

土產芎幹索漆海松子五味子紫草蜂蜜藿茸石茸蔚珍麵紅蛤海蔘藿海衣鹽奧物十三種

壇壝蔓岳郡南新羅祀典小祀在蔚珍也歙谷

三三年於世麟為縣令修葺城堡撫安遺民古邑城在平地太祖五年為倭寇焚蕩張巡烈倡議挍邑枝山城至今居之

典故高麗神宗二年溟州益嶺蔚珍蔚等七年倭寇蔚珍縣權玄龍與戰敗之斬二十級獲馬七十匹八年佶入蔚珍取吾亓苫谷兩倉之穀不克而還

沿革本省比谷新羅景德王十六年改習磎為金壤郡領縣高麗太祖二十三年改歙谷仍屬高宗三十五年置縣令本朝因之宣祖二十九年革屬通川三十一年復舊鶴林縣令蠆江陵鎮管兵馬節制都尉陵守將一員

坊面縣內大嶽踏錢終南初三嶺外終三十二

山水 朴山业 黃龍山逵地也华寺业 安南山逵地
致空山三里 奧水山南十里 石城臺南十
中湖之南 花鶴臺业业十
東海邊之 安古峙 通古峙通川
馬峙通川 寒橋川西二
湖業 □點峙業二處 安峙号右
里晏有 吉時峙東業里自
界小島 吉峙東待号川北自
川狀有 至峙通川东遊迎里北自
里森列 中湖业七十五业蓮安峙
東界有絶 湖渾水隔優汀田赭
島曲浦 □湖明森藏改石己蒨島
遠開 七里 南北二里 島浦 重置交
沈有 風渻相逐西南二里 有穿
□里狀有六 東德島大東十五里 又
島嶼列海□ 里南論山浦业
□島田海业 島風八里 可住業石
白島状有 □南二里 可住業石亭
島中湖往金 島西南一里 有
東右徐里 可住往金 石島 芋島白
南待海 蘭業廉災 卵島 觀島白
海中湖往之 卯島 芋島 觀島松島白島

坊面二百三十九 民户八万九百 人口三十四
萬三千九百 田賦四萬八百八十二結 旱田水
軍保四萬八千五百十二 場市六十四 夌援大
津渡三十四 堤堰三十四 夌所一壇墻四 賜
穎祠院八 倉庫九十三 黃腸封山四十三 江夌
□陽 平海 杆城 高城 通川 蔚珍 原州 春川 淮陽 寧越 旌口
伊川 旌善 平昌 金城 狼 横城 楊口

城池 古城西一里 周五
址在朴山上周二
址六千五百九十九尺業基
南山城周一千九百六
城北城周一千五百一
邑城
驛站 貞德驛南三里 同德
土産 漆 鹽 蜂蜜 石葦各奧物同通川
典故 高麗顯祖八年倭寇欽谷縣
烽燧
割眉峴道 永平通京畿所 伊山 鐵吐水 松峴 箭
川 康雙嶺 屏風山 城北 所山 峰道弓 職
鎮古十一處江原監營所營也
總敎

松潭書院仁廟丙子建 李珥見文○原

顯李建○額○七峯書院宣祖戊戌

連額受天錫字汝恭號丰谷○原州人高麗功臣之後位至僉樞

不元豪母宣戊以學及谷恒慕致仕義興道右人贈吏曹參判○陶山

成○鄭宗榮字仁吉號恒齋○陶川人贈領議政謚靖僖書院

院議使亡君政鑑府右文○李廷馣見文○陶川書院

揚九廣州忠州人贈領相謚忠定○忠烈祠

亭字重卿官戶曹判書○高麗忠臣

官字鳴吉號疎庵李喜朝見文○忠烈祠

文藏○李廷馣字明甫號月沙延安人官領相謚文忠建

李涀忠官字明遠號醒翁禮安人官判書謚文貞○陶山書院

原愍忠祠代顯甲巳額

戚復忠祠代顯甲巳額

三十四人宣祖朝軍士伏生奴婢

喜贈吏曹判書甲戌謚忠壯興道見上

嚴興道訓鍊院正遂良克寬與從事平君等

人贈左通禮甲戌建與道副修撰居平君以下

韓地柳誠源俞應孚俱見李甫欽逐良

誠文闓碩書堂右文被禍○許晩見文

義書判硯右二順天人丙子贈左右議政謚忠宣

議書開右二右議政謚忠宣鄭苯興長閔仲宣官吏曹

瑞君字國輔號貞齋敗良府權完丁丑被捕官皇南仁現永金宗

領權敦寧官右宣祖朝被禍官皇南仁現永金宗

判忠壯官右揚州人吳賢寶官兵曹判書謚忠剛朴仲林

趙克寬官右揚州人吳賢寶官兵曹判書謚忠剛朴仲林

成三問朴彭年李塏河緯地柳誠源俞應孚俱見李甫欽

忠烈祠李辰頭建洪命壽見驪

三十

彌勒峯 遠屑峯 國馬峯 永郎峯 鷹門峯
五賢峯

三十